好食尚

U0276139

做面食

轻松就上手

杨桃美食编辑部 主编

江苏凤凰科学技术出版社
·南京·

导读 Introduction

做面食
轻松上手

　　中式面食的种类可以说是五花八门：膨松柔软的包子馒头、皮薄料多的饺子馅饼、爽滑劲道的手工面条等等，还有各种烙饼、煎饼、烧饼……这些常见的面食不论是当主食或点心，都能给人满满的饱足感。

　　虽然包子、馒头、面饼这类中式面食，都是很家常的点心，使用的材料也很简单，但在一般人的印象中，似乎觉得都不太好做。究竟水和面粉的比例如何拿捏？面团要怎么醒发？怎么包馅料才会饱满多汁，又不会在蒸煮、煎烤的过程中裂开？这些面食的制作方法和秘诀，本书都将一一为您详解，让您可以轻松上手做面食。只要按照老师教的做法多练习，其实中式面食比西式点心的烘焙更好学，也不容易失败。

　　本书有"饺子篇""面饼篇""包子馒头篇""面条篇"等四大类别，含盖了人们常吃、爱吃的大部分面食，最后还特别收录了"意大利面"和"披萨"两种西式面食，总计400种超人气面食点心，对爱吃面食的朋友来说是相当实用的一本面食圣经。

备注：全书1大匙（固体）≈15克　1小匙（固体）≈5克
1杯（固体）≈227克　1大匙（液体）≈15毫升
1小匙（液体）≈5毫升　1杯（液体）≈240毫升

目录 CONTENTS

单元1 最受欢迎的面食TOP15

单元2 饺子篇

单元3 面饼篇

单元4 包子馒头篇

单元5 面条篇

单元6 其他面食

面食常用粉类介绍

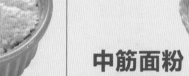

低筋面粉

　　低筋面粉简称低粉，蛋清质含量低，筋性较弱，在西点类中可拿来制作蛋糕或饼干。而在中点上的运用，如有用到油煎时，就会呈现比较柔软的状态。建议可与中筋或高筋面粉一起调和使用，如此在制作含有内馅的糕饼类时，较能保住食物的水分与湿润的口感。

中筋面粉

　　中筋面粉简称中粉，蛋清质含量约在8.5%以上，它的含水量约有13.8%，如果想做些中式点心、面食等食品都适用喔！因为，使用最为普遍，中筋面粉又有"万用面粉""多用途面粉"的别称。

地瓜粉

　　地瓜粉又称红薯粉，用途相当广泛，不仅可以用来勾芡，也可以调成油炸粉浆，还可以适量使用在点心中以增加浓稠度和口感。地瓜粉有粗粒和细粒两种，调面糊时用细粒的地瓜粉，口感较佳。

高筋面粉

　　高筋面粉是由小麦研磨而成，蛋清质含量和延展性最高，面团经发酵后制作出来的面食具有柔韧性，常用来制作面条、春卷皮和面包等。

泡打粉

　　泡打粉又称速发粉或蛋糕发粉，简称B.P，是膨大剂的一种，经常用于蛋糕及西饼的制作。泡打粉在接触水分时，酸性及碱性粉末同时溶于水中而起反应，有一部分会开始释出二氧化碳，同时在烘焙加热的过程中，会释放出更多的气体，这些气体会使产品达到膨胀及松软的效果。

澄粉

　　澄粉是一种无筋性的小麦淀粉，因为不含蛋清质，所以成品多具透明性，多被使用在外皮透明的食物上。如鸡冠饺、西米水晶饼等。

玉米粉

玉米粉,又称"玉米面",是由玉米直接研磨而成的黄色粉末,粉末非常细的称为玉米面粉,呈淡黄色。常用于制作面类食品,如煎饼、速冻食品等。

糯米粉

糯米粉的黏度较高。一般市售的糯米粉,如非特别注明,都是生糯米粉。可以用来制作许多中式点心如麻花、年糕、汤圆等。

酵母粉

酵母粉添加在面包、包子、馒头中时,可以帮助面团膨胀,又有新鲜酵母、干酵母、速溶酵母之分。一般台湾地区可买到的日正酵母是干酵母,在使用前将其泡在水中溶解,再倒入面团中使用即可。

在来米粉

又称粘米粉,是制作许多中式小吃如萝卜糕、肉圆的主要材料。

小苏打粉

小苏打粉简写为B.S,化学名为碳酸氢钠,也是膨大剂的一种,使用过多会有肥皂味。在点心中使用苏打粉,可增加点心的酥脆度。

制作面食常用器具

打蛋器→
打蛋器的头端为钢丝制造，便于拌搅均匀粉类材料或打发蛋、奶油等，也有电动式搅拌机可供选择，更加省力。

电子秤↘
称量材料重量的工具，传统式的磅秤难以准确地称量出微量的材料，而电子秤在操作上则较为精准方便，最低可称量至1克，这在需要称量微量的材料时很有帮助。

刮刀←
要选用弹性良好的橡皮刮刀，可轻易地将黏稠的材料由钢盆或搅拌器上刮下，平常可用来当轻微搅拌或混合材料、涂抹馅料的工具。

刮板↙
刮板有不锈钢及塑料两种材质，用来混合材料、取出面糊，同时也可用来清洁桌面的面粉，是相当实用的工具。

擀面棍←
将面团擀开时使用擀面棍，让擀开的面团厚薄度一致。

刷子→
刷子可以用来去除面皮上的多余面粉，也可涂上蛋液、奶水于面皮上以增加其光泽度，使用后需注意保持毛刷的清洁与干燥。

量杯→
量杯、量匙都是用来计算材料分量的器具，有多种刻度尺寸，可依所需做选择。

初学面食 Q&A

Q1 想在家自己包水饺，可否买现成的饺子皮来使用？

用市售的饺子皮来做水饺、煎饺、蒸饺都可以，口感不会差太多。但是市售饺子皮的黏性和延展性较差，封口前要在面皮边缘抹上清水，再把两边面皮用力压紧，煮时才不会露馅喔！

Q2 自己做的油饼或馅饼，总是不如外面卖的那么软，是什么原因？

如果是按照食谱的配方比例制作的冷水面团、温水面团或发酵面团，一定要预留时间让面团静置醒发，塑形完成后，下锅前也要再静置一段时间，让面团更松弛，做出来的饼就会比较软。

Q3 制作煎饼、馅饼或煎饺时，如何避免粘锅和烧焦的情况发生呢？

新手选用不粘的平底锅来煎面食，制作起来会比较轻松。若是使用一般平底锅，一定要先热锅再倒油，且油量要多，平均布满整个锅底。热油后一定要先转中小火，再放入做好的饼或煎饺，就不容易烧焦了。

Q4 自己做的包子、馒头，蒸好后表面都有点皱皱的，不像外面卖的那么光滑，是什么原因？

外面卖的包子、馒头，在揉面团时都会用机器来辅助，力量较大，揉得更均匀，这是纯手工揉面团难以做到的，所成品表面没有那么平滑有光泽，这是正常的喔！

最受欢迎的面食TOP15

我们常吃的饺子、面饼、面条、包子、馒头等面食，你想学的全都教你做！

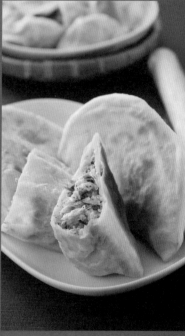

01 海鲜煎饼

🥥 材料

中筋面粉··········100克
水··················150毫升
虾仁················80克
鱼肉················80克
葱··················40克
圆白菜············50克
胡萝卜············30克

🧂 调味料

A. 盐·············1/4小匙
　　细砂糖········1/2小匙
B. 盐·············1/2小匙
　　白胡椒粉·····1/4小匙

🍚 做法

1. 虾仁洗净去肠泥后开背；鱼肉切小片（见图1）。
2. 胡萝卜、葱和圆白菜切丝备用（见图2）。
3. 中筋面粉加入调味料A后，再加水拌匀成面糊，静置备用（见图3）。
4. 热锅，倒入1大匙色拉油，将虾仁及鱼片入锅炒至表面变白（见图4）。
5. 加入圆白菜丝、葱丝、胡萝卜丝炒匀（见图5）。
6. 继续加入调味料B炒至水分收干后，盛起放入面糊中拌匀（见图6）。
7. 将平底锅加热后倒入2大匙色拉油，把拌好的面糊倒入（见图7），以小火煎约3分钟后翻面（见图8）。
8. 继续煎约3分钟，煎至两面金黄酥脆后起锅装盘即可。

美味秘诀

　　葱油饼的内馅包含葱花、盐和猪油,三项缺一不可,不过在分量上可以依口味稍微做调整,猪油的目的是让葱和饼皮在煎烤后仍然能维持湿润度,同时也能让整体的香气更浓郁。也可以使用其他油品代替猪油,但香气会降低些。

02 葱油饼

材料

温水面团··········980克
（做法请见P103）
葱花···············200克

调味料

猪油···············80克
细盐···············10克

做法

1. 将醒过的温水面团揉至表面光滑。
2. 将面团分成5份,各擀成厚约0.2厘米的圆形,表面涂上猪油,再撒上细盐及葱花,卷成圆筒状后盘成圆形,静置醒10分钟。
3. 将醒过的饼压扁后擀开成圆形,成葱油饼备用。
4. 平底锅加热,倒入约1大匙色拉油,放入葱油饼,以小火将两面煎至金黄酥脆即可。

03 麻酱面

材料

阳春面 ············ 120克
小白菜 ············ 30克
葱花 ·············· 少许

调味料

芝麻酱 ············· 1大匙
凉开水 ············· 2大匙
酱油膏 ············ 1.5大匙
红葱油 ············· 1大匙

做法

1. 烧一锅水，水沸后放入阳春面拌开，小火煮约1分钟，将面捞起沥干水分，放入碗中。
2. 小白菜洗净，切段，氽烫熟后放至阳春面上。
3. 将所有调味料拌匀成酱汁，淋至阳春面上，再撒上葱花，食用时拌匀即可。

04 台式经典炒面

材料

油面200克、干香菇3克、虾米15克、肉丝100克、胡萝卜10克、圆白菜100克、高汤100毫升、红葱末10克、色拉油2大匙、芹菜末少许

调味料

盐1/2小匙、鸡粉1/4小匙、糖少许、陈醋1小匙

做法

1. 干香菇泡软后洗净、切丝；虾米洗净；胡萝卜洗净、切丝；圆白菜洗净、切丝备用。
2. 热一油锅，倒入色拉油烧热，放入红葱末以小火爆香至微焦后，加入香菇丝、虾米及肉丝一起炒至肉丝变色。
3. 锅内放入胡萝卜丝、圆白菜丝炒至微软后，再加入所有调味料和高汤煮至沸腾。
4. 锅内加入油面和芹菜末一起拌炒至汤汁收干即可。

05 清炖牛肉面

材料

清炖牛肉汤500毫升、细拉面1把、小白菜适量、葱花少许

做法

1. 将细拉面放入沸水中煮约3分钟，期间以筷子略微搅拌数下，捞出沥干水分备用。
2. 小白菜洗净切段，放入沸水中略烫约1分钟后，捞起沥干水分备用。
3. 取一碗，将细拉面放入碗中，再倒入清炖牛肉汤，加入汤中的牛肋条段，放上小白菜段，撒上葱花即可。

清炖牛肉汤

材料：牛肋条300克、白萝卜100克、老姜50克、葱2根、花椒1/4小匙、胡椒粒1/4小匙、牛高汤3000毫升

调味料：盐1大匙、米酒1大匙

做法：1.牛肋条放入沸水中氽烫去秽血，捞出后切成3厘米长的小段备用。2.白萝卜去皮切成长方片，并放入沸水中氽烫；老姜去皮后切成片；葱切段备用。3.将牛肋条段、做法2的所有材料与花椒、胡椒粒放入电锅中，再加入所有调味料与牛高汤，在外锅加入1杯水，按下开关炖煮，跳起后再加入1杯水继续煮，连续煮约2.5小时即可。

06 猪肉圆白菜水饺

材料

猪肉泥300克、圆白菜200克、姜8克、葱12克、水50毫升、饺子皮350克（做法请见P32）

调味料

盐3克、鸡粉4克、细砂糖3克、酱油10毫升、米酒10毫升、白胡椒粉1小匙、香油1大匙

做法

1. 圆白菜洗净、切丁，用1克的盐（分量外）抓匀腌渍约5分钟挤去水分；姜洗净切末；葱洗净切碎，备用。
2. 猪肉泥放入钢盆中，加入盐后搅拌至有粘性，再加入鸡粉、细砂糖、酱油和米酒拌匀，将50毫升水分2次加入，一面加水一面搅拌至水分被肉吸收。
3. 加入圆白菜、葱、姜、白胡椒粉及香油拌匀成馅。
4. 将馅料包入饺子皮即可（水饺包法与煮法请参考P36）。

07 韭菜盒子

材料

温水面团300克（做法请见P103）、猪肉泥150克、韭菜150克、粉条20克、虾皮8克、葱花20克

调味料

盐1小匙、细砂糖1小匙、白胡椒粉1小匙、香油1大匙

做法

1. 粉条泡水约15分钟至涨发后切小段；韭菜洗净沥干切花；热锅，以小火爆香葱花及虾皮后取出放凉，备用。
2. 猪肉泥加入盐、细砂糖及白胡椒粉拌匀至有粘性，加入粉条段、葱花、虾皮及韭菜，拌匀成内馅。
3. 将温水面团搓成长条，切成每个重约30克的面球10个；将切好的面球撒上面粉以防沾粘，再将面球用擀面棍擀成直径约15厘米的椭圆形面皮。
4. 取约30克的内馅放入面皮1/2处，再将另一边面皮盖上，压成半圆形的韭菜盒子。
5. 平底锅加热，倒入约1大匙色拉油，放入韭菜盒子后盖上盖子，以小火将两面煎至金黄即可。

08 温州菜肉馄饨

 材料

A. 上海青200克、姜8克、葱12克、猪肉泥300克、馄饨皮适量

B. 鸡蛋1个、紫菜1/2片、葱花5克、高汤400毫升

调味料

A. 盐4.5克、鸡粉3克、细砂糖3克、水20毫升、白胡椒粉1/2小匙、香油1大匙

B. 盐1/2小匙、鸡粉1/2小匙、白胡椒粉1/8小匙、香油1/8小匙

做法

1. 将材料A的姜、葱洗净切碎末；将上海青放入沸水中烫约1分钟后，捞出以冷开水冲凉，挤干水分并切碎末，备用。

2. 猪肉泥加入材料A的盐搅拌至有粘性后，加入鸡粉、细砂糖拌匀，再将水分2次加入，一面加水一面搅拌至水分被肉吸收，再加入上海青末、姜末、葱末、白胡椒粉及香油拌匀即成菜肉馄饨馅。

3. 在每张馄饨皮中，放入约16克馅料，包成温州馄饨的形状后备用（包法请见P95）。

4. 将蛋打入碗中并打散成蛋汁；紫菜剪成丝，备用。

5. 热一锅，倒入适量的油烧热后，将蛋汁倒入锅中，煎成蛋皮后切丝，备用。

6. 将材料B的高汤煮开后，加入调味料B拌匀，装入碗中，备用。

7. 热一锅水，待水沸腾后，将馄饨放入锅中以小火煮约3分钟后捞起，沥干水分后放入装有高汤的碗中，再加入紫菜丝及蛋丝，最后撒上材料B的葱花即可。

21

09 猪肉馅饼

材料

温水面团500克（做法请见P103）、猪肉泥300克、姜末8克、葱花120克

调味料

盐3.5克、鸡粉4克、细砂糖3克、酱油10毫升、米酒10毫升、白胡椒粉1小匙、香油1大匙

做法

1. 将温水面团搓成长条，切成每个重量约30克的面球，撒上面粉以防沾粘，再用擀面棍将面球擀成直径9~10厘米的圆面皮。
2. 猪肉泥放入钢盆中，先加入盐搅拌至有粘性，继续加入鸡粉、细砂糖、酱油及料酒拌匀，将水分两次加入，一面加水，一面搅拌至水分被肉吸收，继续加入姜末、白胡椒粉及香油拌匀，再加入葱末拌匀成馅。
3. 取约30克的猪肉肉馅包入圆面皮中（见图1~4），收口处捏紧并朝下，再略压扁成饼形。
4. 平底锅加热，倒入约1大匙色拉油，放入压扁的馅饼收口处朝下，一个个从锅边开始排入，以小火煎至两面金黄酥脆即可。

美味秘诀

做法3的馅饼收口朝下放置于桌上，可以先在桌上抹少许油，以避免馅饼粘在桌上的情况发生。

另外多准备一些葱花，先不要放进肉泥中一起搅拌，等包内馅时再另外包入一些葱花，如此一来馅料不容易出水，吃起来口感较好。

22

10 胡椒饼

 材料

发酵面团500克（做法请见P105）、猪肉泥300克、姜末10克、葱花200克

调味料

盐1/2小匙、五香粉1/4小匙、细砂糖1大匙、酱油30毫升、米酒30毫升、黑胡椒粉1大匙、香油2大匙

 做法

1. 猪肉泥放入钢盆中，加入盐后搅拌至有粘性，再加入五香粉、细砂糖及酱油、米酒拌匀，继续加入姜末、黑胡椒粉及香油拌匀，最后加入葱花拌匀成馅。
2. 取发酵面团搓成长条，切成每个重约40克的面球；将切好的面球撒上面粉以防沾粘，再将面球用擀面棍擀成直径9～10厘米的圆形面皮。
3. 取约40克的馅放入面皮中，收口向下包紧，表面用水喷湿后沾上白芝麻即为胡椒饼，放入烤盘。
4. 烤箱预热至约220℃，放入胡椒饼，烤约12分钟至表面金黄酥脆即可。

23

11 润饼卷

 材料

市售润饼皮5张（做法可参考本书
P160）、红糖肉片150克、碎萝卜干
100克、胡萝卜丝100克、豆干丝200
克、圆白菜丝200克、豆芽菜200克、
蒜末少许、花生糖粉适量、香菜叶适量

调味料

A. 盐、水淀粉各少许
B. 细砂糖、白胡椒粉各少许
C. 酱油、白胡椒粉、细砂糖、盐各少
    许
D. 水适量、盐、少许
E. 盐、细砂糖、白胡椒粉、鲜鸡粉、
    香油各少许
F. 盐、细砂糖、白胡椒粉、鲜鸡粉、
    香油各少许
G. 甜辣酱适量

做法

1. 鸡蛋打入碗中加入调味料A拌匀，煎成蛋皮后切丝备用。
2. 锅中放入碎萝卜干开小火炒香，加入调味料B拌炒后盛出
    备用。
3. 另取锅，倒入1大匙油烧热，放入豆干丝，开小火炒至表面
    微干，再加入调味料C续炒至入味后盛出备用。
4. 锅中倒入少量油烧热，放入胡萝卜丝以小火炒至变色，加入
    调味料D拌炒后盛出备用。
5. 锅中倒入少量油烧热，放入蒜末以小火炒香，放入圆白菜丝
    改以中火炒软，再加入调味料E拌炒后盛出备用。
6. 豆芽菜洗净，放入沸水中氽烫至熟，捞出沥干水分后放入大
    碗中，加入调味料F调味备用。
7. 取一张润饼皮摊平，在中间平均撒上花生糖粉，并依序放入
    红糖肉片和做法1～做法6的食材，淋上调味料G，再撒上少
    许香菜叶，最后将润饼皮包卷起，重复上述做法至润饼皮用
    完即可。

12 香葱鲜肉煎包

材料

A. 生面团1份（做法请见P.216）、猪肉泥300克、盐1/2小匙、洋葱丁200克、白芝麻少许
B. 酱油2大匙、细砂糖2小匙、米酒30毫升、白胡椒粉1/2小匙
C. 葱花50克、红葱酥30克、姜末20克、香油2大匙

做法

1. 猪肉泥放入钢盆中加盐拌至有粘性；热锅加少许油，放入洋葱丁炒软，取出放凉再放入钢盆中，加入材料B拌匀，再加入材料C拌匀成香葱肉馅。
2. 将生面团压出空气，揉至表面光滑，搓成长条形，分割成每颗约30克的小面团，用擀面棍分别擀成直径约6厘米的圆形面皮。
3. 取一张面皮包入20克馅料，收口捏合成煎包的形状，直到材料用完。
4. 取一平底锅，放入适量油烧热，转小火将包好的煎包排入，倒入达包子一半高度的面粉水（材料外），盖上锅盖，煎至水干、底面焦脆，撒上白芝麻即可。

注：包法与煎法可参考P216~P217。

13 刈包

材料

割包10个、三层肉600克、酸菜150克、香菜20克、花生粉50克、细砂糖10克、蒜末少许、辣椒丁少许、色拉油适量

调味料

A. 酱油1杯、冰糖1大匙、米酒1大匙、五香粉1大匙、水适量
B. 鸡粉1/2小匙、糖1/2小匙
C. 酱油1大匙

做法

1. 割包放入蒸笼内，待锅中水沸后以大火蒸10分钟；花生粉与糖混合，备用。
2. 三层肉冷冻约15分钟后切厚片，加酱油1大匙腌30分钟。
3. 酸菜洗净挤干；用1大匙油爆香蒜末、辣椒丁，放入酸菜炒2分钟，再加入调味料B炒匀。
4. 三层肉片放入油温约160℃的油中过油，取出放入砂锅，加水和调味料A煮沸，转小火煮40分钟。
5. 取一割包，放入花生糖粉、三层肉、酸菜和香菜即可。

14 鲜肉包

🥟 包子皮材料

发酵面团………500克
（做法请见P105）

🥟 肉馅材料

猪肉泥…………600克
姜末……………20克
葱花……………80克

🧂 调味料

盐 ……………6克
鸡粉……………8克
细砂糖…………10克
酱油……………30毫升
米酒……………30毫升
白胡椒粉………1小匙
五香粉…………1小匙
香油……………3大匙

🍲 做法

1. 猪肉泥放入钢盆中，加盐后搅拌至有粘性。
2. 加入鸡粉、细砂糖及酱油、米酒、白胡椒粉、五香粉拌匀。
3. 加入葱花、姜末、香油拌匀成肉馅。
4. 将发酵面团搓成长条（见图1），平均分成每个重约40克的小面团（见图2），盖上湿布，醒约20分钟后擀开成圆形面皮（见图3~4）。
5. 每个面皮包入约40克肉馅，包成包子形（见图5~6）。
6. 将包好的包子排放入蒸笼（须预留膨胀的空间），盖上盖子，静置约30分钟使其醒发。
7. 开炉火煮水，待蒸汽升起时将醒好的包子以大火蒸约15分钟即可。

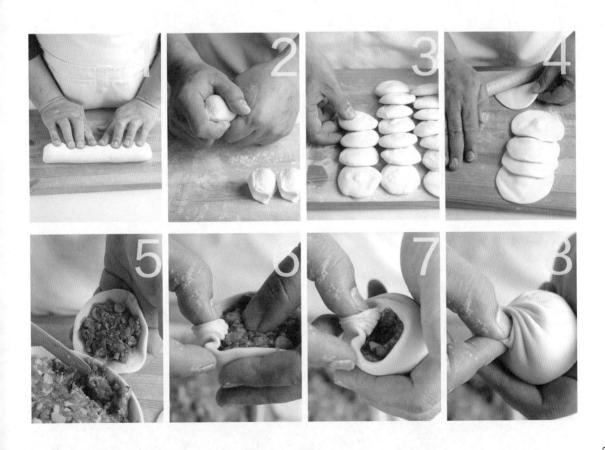

27

15 小笼汤包

🍲 材料

温水面团300克（做法请见P103）、皮冻300克、猪肉泥300克、姜末8克、葱花12克

🧂 调味料

盐3.5克、水50毫升、鸡粉4克、细砂糖3克、酱油10毫升、料酒10毫升、白胡椒粉1小匙、香油1大匙

皮冻制作

材料：A.猪皮500克、鸡脚300克 B.葱段40克、姜片75克 C.水200毫升

做法：1.将猪皮和鸡脚放入滚沸的锅中汆烫，捞起冲冷开水至凉洗净，刮除多余油脂后切碎，备用。2.取锅，倒入水、葱段、姜片和做法1的材料，煮开后转小火煮约2小时，待水约剩下2/3的量、鸡脚的皮脱落时熄火。3.将做法2汤汁过滤，倒入另一干净的锅中，趁余温加入盐拌匀，放进冰箱冷藏约6小时冰透，取出抓碎即可。

🍲 做法

1. 猪肉泥放入钢盆中，加盐搅拌至有粘性，再加入鸡粉、细砂糖、酱油及料酒拌匀，将50毫升的水分2次加入，一面加水一面搅拌至水分被肉吸收。

2. 加入姜末、白胡椒粉以及香油拌匀；要包之前再加入皮冻和葱花拌匀成内馅。

3. 将温水面团分割成每个约8克的小面团，以擀面棍擀成直径约6厘米的圆形皮，取一张皮包入约20克的内馅，包成包子形，重复上述步骤至材料用完。

4. 将包好的包子放入水已煮沸且蒸汽升起的蒸笼用大火蒸约6分钟即可。

小笼汤包皮薄
大解析

一个满分的小笼汤包，除了口齿留香的馅料外，重要的就是那滑软富弹性的外皮。然而，如何擀出好吃的小笼汤包皮，也是一门学问。刚刚学会了做出好吃的小笼汤包皮面团，现在就跟着老师的步骤一步步来学习擀出好吃的面皮吧！

物品●●●

擀面棍以直径约1厘米，棍长为25～30厘米最适宜。

做法●●●

1 将面团搓揉成长条后，切成多个重约8克的小面团。

2 用手掌心压小面团的断口，将小面团压平。

3 撒上一些面粉。

4 用面棍以平均的力道推出去擀面团，约擀至面团的1/3处即要拉回面棍。

5 以更轻的力道拉回面棍，同时用另一只手转动面皮。

6 重复刚刚的动作，擀至面皮的中间比较厚时，即完成了小笼汤包面皮的擀制。

饺子篇

水饺、锅贴、蒸饺、馄饨……变化多多，用家常食材就能包出不同风味的饺子。

饺子皮DIY

冷水面团 饺子皮

冷水面团较适合做水饺皮与蒸饺皮。
面团要以湿布或是保鲜膜完整地包好，以免面团干硬。

 材料

中筋面粉··········600克
盐 ··················4克
水 ·············300毫升

 做法

1. 准备一个盆，将面粉放入盆中，加入盐。
2. 加水后，仔细地搓揉。
3. 待表面光滑并成团后，用干净的湿布将面团仔细包好并静置约10分钟，再将面团搓揉约1分钟。
4. 将搓揉好的面团切成2条面团，再搓揉成细长的面团，然后捏制成每个约10克的小面团。
5. 撒上适量面粉，将面团以手掌轻压至呈圆扁状，以擀面棍擀至面团的中心点后，再将擀面棍拉回。
6. 重复将所有小面团都擀成圆扁状，且中间微凸起即可。

温水面团 饺子皮

温水面团较适合做煎饺皮与锅贴皮。

材料

中筋面粉··········600克
盐 ··················4克
水 ·············320毫升

做法

1. 将水倒入锅中煮至60～70℃后，备用。
2. 备一个盆，将面粉放入盆中加入盐、做法1的温水后，仔细地搓揉。
3. 待表面光滑并成团后，用干净的湿布将面团包好并静置约10分钟，再搓揉约1分钟。
4. 将做法3的面团切成2条面团，搓揉成细长条后，捏成每个约10克的小面团，再撒上适量面粉，将小面团以手掌轻压至呈圆扁状。
5. 取一小面团，以擀面棍擀至面团的中心点后，再将擀面棍拉回，重复将所有小面团都擀圆扁状，且中间微凸起即可。

胡萝卜皮

材料

中筋面粉·········600克
盐···············4克
胡萝卜汁·······300毫升

做法

1. 将面粉放入盆中，加入盐与胡萝卜汁后，仔细搓揉。
2. 搓揉至表面光滑并成团后，用干净的湿布将面团包好并静置约10分钟，再搓揉约1分钟。
3. 将做法2的面团切成2条面团，皆搓揉成细长条后，捏成每个约10克的小面团，再撒上适量的面粉，将小面团以手掌轻压成圆扁状。
4. 取一小面团，以擀面棍擀至面团的中心点后，再将擀面棍拉回，重复将所有小面团都擀成圆扁状，且中间微凸起即可。

菠菜皮

材料

中筋面粉·········600克
盐···············4克
菠菜叶···········130克
水···············250毫升

做法

1. 菠菜叶洗净沥干水分后，用果汁机加水拌打约1分钟成汁后过滤，取约300毫升的菠菜汁，备用。
2. 将面粉放入盆中，加入盐、菠菜汁，仔细地搓揉。
3. 搓揉至表面光滑并成团后，用湿布将面团包好并静置约10分钟，再搓揉约1分钟后，切成2条面团，皆搓揉成长条。
4. 将长条形面团捏成每个约10克的小面团，再撒上适量面粉，以手掌轻压成圆扁状。
5. 取一小面团，以擀面棍擀至面团的中心点后，再将擀面棍拉回，重复将所有小面团都擀成圆扁状，且中间微凸起即可。

墨鱼皮

材料

中筋面粉·······600克
盐···············4克
墨鱼粉·········5克
水···············320毫升

做法

1. 将面粉放入盆中，加入盐、墨鱼粉与水后，仔细搓揉至表面光滑并成团后，用干净的湿布将面团包好静置约10分钟，再搓揉约1分钟。
2. 将做法1的面团切成2条面团，皆搓揉成细长的面团，再捏制成每个约10克的小面团，并撒上适量面粉，再将小面团以手掌轻压成圆扁状。
3. 取一小面团，以擀面棍擀至面团的中心点后，再将擀面棍拉回，重复将所有小面团都擀成圆扁状，且中间微凸起即可。

澄粉皮

材料

澄粉···············600克
淀粉···············50克
盐···············4克
沸水···········420毫升

做法

1. 将澄粉、淀粉一起放入盆中，加入盐后拌匀，倒入沸水一面冲一面搅拌均匀后，取出用手揉匀。
2. 将做法1的面团切成2条面团，皆搓揉成长条后，捏制成每个约10克的小面团，并撒上适量的面粉，再将小面团以手掌轻压成圆扁状。
3. 取一小面团，以擀面棍擀至面团的中心点后，再将擀面棍拉回，重复将所有小面团都擀成圆扁状，且中间微凸起即可。

饺子馅的**处理技巧**

加盐脱水

适用食材：**圆白菜、白萝卜**

容易出水且质地坚硬的叶菜或根茎类蔬菜，可以先切碎后加入少许盐抓匀，静置5分钟，让水分释出，再用手挤干水分。

汆烫后挤干水分

适用食材：**白菜、丝瓜、芽菜、地瓜叶、上海青、豆腐**

容易出水且质地柔软的叶菜或瓜果，可汆烫几秒后捞出，再挤干水分，如此做出来的馅料口感更佳。豆腐腥味重，汆烫过再压干水分，可去除大部分的腥味。

小叮咛：

带有辛香味的叶菜，如韭菜、韭黄、芹菜、葱等，为了保留其芳香气味，不适合加盐脱水或汆烫，直接切碎，最后再和调味料一起加入馅料拌匀即可。

泡水胀发

适用食材：**粉条、干木耳、干香菇**

干货类的食材，需要预先泡在清水中胀发，使其软化，再另行切碎或切段，并和其他食材混合调味。

预先炸熟

适用食材：**茄子**

以茄子为例，其本身不容易煮熟，且要炸过以后才有香气，颜色更好看，调味料也更容易入味。

预先蒸熟

适用食材：**地瓜、芋头、土豆、南瓜**

质地坚硬且不容易煮熟的食材，在做成馅料前可先蒸熟，这样做出来的饺子才不会出现外皮已熟但内馅还半生不熟的情况。

吃饺子**速配蘸酱**

蒜蓉鱼露酱

材料: 蒜末1大匙、鱼露1大匙、细砂糖1小匙、香油1小匙、白醋1小匙、凉开水2大匙

做法: 将所有材料搅拌均匀，即为蒜蓉鱼露酱。

麻辣酱

材料: 细辣椒粉1大匙、色拉油3大匙、蒜泥1小匙、豆豉1小匙、花椒粉1/2小匙、凉开水1大匙、盐1/2小匙、酱油1小匙、细砂糖1小匙

做法: 豆豉洗净切末，加入所有材料（色拉油除外）拌匀; 将色拉油烧热，淋入拌好的所有材料中拌匀，即为麻辣酱。

蒜泥酱油酱

材料: 蒜泥1大匙、鲣鱼酱油2大匙、香油1小匙

做法: 将所有材料搅拌均匀，即为蒜泥酱油酱。

酸辣酱

材料: 白醋2大匙、凉开水1大匙、辣豆瓣酱1大匙、细砂糖1小匙、香油1小匙

做法: 将所有材料搅拌均匀，即为酸辣酱。

姜醋酱

材料: 姜泥2小匙、白醋3大匙、细砂糖1/2小匙、酱油1小匙、盐1/4小匙、香油1小匙

做法: 将所有材料搅拌均匀，即为姜醋酱。

豆酱辣椒油酱

材料: 客家豆酱1大匙、细砂糖1/2小匙、酱油1小匙、凉开水2大匙、辣椒油2大匙

做法: 将所有材料搅拌均匀，即为豆酱辣油酱。

制作水饺的技巧

传统水饺包法

美味小秘诀 Tips

水饺皮和水饺馅的分量比例一般为2:3，例如每张水饺皮重10克，每份馅料的重量约为15克。可依个人的喜好略微调整。

① 将拌好的馅料舀约15克放到饺子皮上，再将面皮对折把馅料包在面皮中间，并将中间捏合起来。

② 再以食指与姆指中间的地方，将水饺左右两边的面皮分别捏合起来。

③ 待两边面皮都捏合起来后，再以两手的食指与姆指中间的地方按压住两边面皮，使面皮更粘合。

④ 再将两手的食指前后交叉并利用姆指的力量，将面皮往前集中并往下挤压，此时包住馅料的地方会成饱满状，即成水饺形状。

怎么煮水饺？

① 取锅，加入水，开大火煮至滚沸。

② 放入生水饺。

③ 先以汤匙略搅拌，让刚入锅的生水饺不要粘锅。

④ 改转小火煮约3分钟。

⑤ 水饺浮出水面，仍要继续开小火煮。

⑥ 煮至水饺表面略膨胀鼓起，即可关火。

⑦ 将煮好的水饺捞起沥干即可。

36

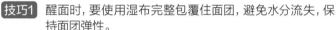

怎么做**水饺**最好吃?

水饺皮

技巧1 醒面时,要使用湿布完整包覆住面团,避免水分流失,保持面团弹性。

技巧2 擀皮时,一定要擀成中间厚、边缘薄,这样饺子封口处就不会太厚,包馅的地方也不容易破皮。

技巧3 包水饺时,若使用市售水饺皮,必须在面皮封口处抹水,再用力压紧,煮时较不会暴开。

技巧4 煮水饺时,水完全滚沸才可下水饺,轻轻搅动避免粘锅,然后转小火煮至表面略膨胀,即可起锅。

技巧5 起锅前在水中滴几滴香油,盛盘后就不会粘在一起了。

水饺馅

技巧1 水分多的食材要先依特性做脱水处理,才不会做出软糊糊的馅料。

技巧2 不易熟或较硬的食材应先蒸熟或炸熟,煮好后内馅就不会半生不熟。

技巧3 油脂含量少的鸡肉和海鲜,可加入少许猪肉泥混合,使馅料口感滑嫩不干涩。

技巧4 肉泥类的馅料一定要先加少许盐,搅拌至有弹性,再分两次加入少许水拌至水分完全吸收,馅料才会爽滑多汁。

技巧5 腥味重的肉类和海鲜馅,可加姜和少许米酒或料酒去腥提鲜。

小叮咛:

1. 料理前不用先退冰,直接从冰箱取出后即可下锅煮或煎。
2. 烹煮前,不论是保存或运送的过程中绝对不能退冰。
3. 冷冻时封口一定要紧密,以免饺皮水分散失,造成表皮龟裂。

自己做**冷冻水饺**

1 取一底部平坦的金属盘,均匀撒上少许面粉,防止水饺粘连。

2 将包好的水饺整齐排放在平盘上。

3 将排放好的水饺连盘子用塑料袋(或保鲜膜)密封,放入冰箱冷冻。

4 取出冷冻好的水饺盘在桌上轻敲,让水饺粒完全脱离盘底,取出装入塑料袋,紧密封口,再放回冰箱冷冻保存即可。

做面食 轻松就上手

16 韭菜水饺

材料
韭菜250克、猪肉泥300克、姜12克、饺子皮300克

调味料
盐2小匙、鸡粉1小匙、米酒1小匙、胡椒粉少许、香油少许

做法
1. 韭菜洗净沥干水分后切末；姜洗净切末，加入1小匙盐（分量外）抓匀至软备用。
2. 取一大容器放入做法1准备好的材料、猪肉泥及调味料一起搅拌均匀，并轻轻摔打至有粘性，即成韭菜内馅。
3. 将馅料包入饺子皮即可。

17 韭黄水饺

材料
猪肉泥200克、韭黄150克、虾仁50克、蒜仁2颗、饺子皮300克

调味料
盐1小匙、鸡粉1小匙、米酒少许、胡椒粉少许、香油少许

做法
1. 韭黄洗净沥干水分后切末；虾仁洗净后吸干水分拍碎成泥；蒜仁去皮，拍碎切末备用。
2. 取一大容器放入猪肉泥、做法1准备好的材料、所有调味料一起搅拌均匀，并轻轻摔打至有粘性，即成韭黄内馅。
3. 将馅料包入饺子皮即可。

18 鲜菇猪肉水饺

材料
猪肉泥300克、鲜香菇200克、姜末10克、葱花30克、饺子皮适量

调味料
盐3.5克、鸡粉4克、细砂糖4克、酱油10毫升、米酒10毫升、香油1大匙

做法
1. 烧一锅滚沸的水，将鲜香菇去蒂后放入锅中氽烫约5秒，捞出冲凉沥干切丁，再用手挤除水分，备用。
2. 将猪肉泥放入玻璃盆中，加盐搅拌至有粘性，再加入鸡粉、细砂糖、酱油以及米酒拌匀。
3. 加入鲜香菇丁、葱花、姜末以及香油拌匀即为鲜菇猪肉馅。
4. 将馅料包入饺子皮即可。

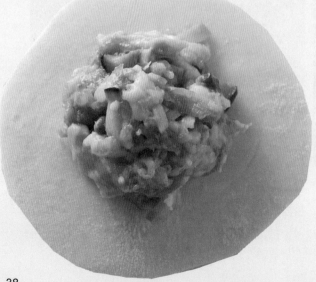

19 冬瓜鲜肉水饺

材料

猪肉泥300克、冬瓜200克、姜末10克、葱花30克、饺子皮适量

调味料

盐3.5克、鸡粉4克、细砂糖4克、酱油10毫升、米酒10毫升、香油1大匙

做法

1. 烧一锅滚沸的水，将冬瓜刨丝后放入锅中氽烫约30秒，捞出冲凉沥干，再用手挤去除水分，备用。
2. 将猪肉泥放入钢盆中，加盐搅拌至有粘性，再加入鸡粉、细砂糖、酱油以及米酒拌匀。
3. 盆中加入冬瓜丝、葱花、姜末以及香油拌匀即为冬瓜鲜肉馅。
4. 将馅料包入饺子皮即可。

20 丝瓜猪肉水饺

材料

丝瓜	500克
猪肉泥	300克
姜末	8克
饺子皮	适量

调味料

盐	3.5克
鸡粉	4克
细砂糖	4克
酱油	10毫升
米酒	10毫升
香油	1大匙

做法

1. 丝瓜去皮，挖除丝瓜中的籽囊，取剩下约250克的瓜肉切丁，备用。
2. 烧一锅滚沸的水，放入丝瓜丁氽烫约5秒，捞出冲凉沥干，再用手挤除水分，备用。
3. 将猪肉泥放入钢盆中，加盐搅拌至有粘性，再加入鸡粉、细砂糖、酱油、米酒搅拌均匀。
4. 盆中加入丝瓜丁、姜末以及香油拌匀即为丝瓜猪肉馅。
5. 将馅料包入饺子皮即可。

笋丝猪肉水饺馅

胡瓜猪肉水饺馅

21 胡瓜猪肉水饺

🍞材料

猪肉泥	300克
胡瓜	200克
姜	8克
葱	12克
水	50毫升
饺子皮	适量

🧂调味料

盐	5克
鸡粉	4克
细砂糖	4克
酱油	10毫升
米酒	10毫升
白胡椒粉	1小匙
香油	1大匙

🍲做法

1. 胡瓜去皮去籽后切丝，加2克的盐抓匀腌渍约5分钟后，挤去水分；姜、葱洗净切碎末，备用。
2. 在猪肉泥中加入3克盐搅拌至有粘性后，加入鸡粉、细砂糖、酱油及米酒拌匀备用。
3. 将水分2次加入猪肉泥中，一面加水一面搅拌至水分被吸收，再加入做法1的所有材料、白胡椒粉、香油拌匀即成胡瓜猪肉馅。
4. 将馅料包入饺子皮即可。

22 笋丝猪肉水饺

🍞材料

猪肉泥	300克
绿竹笋	200克
姜	8克
水	50毫升
饺子皮	适量

🧂调味料

盐	3.5克
鸡粉	3克
细砂糖	4克
酱油	10毫升
米酒	10毫升
白胡椒粉	1/2小匙
红葱油	1大匙
香油	1/2大匙

🍲做法

1. 绿竹笋洗净切成丝；姜洗净切细末，备用。
2. 将笋丝放入沸水中汆烫煮约5分钟后，取出以冷开水冲凉，挤干水分备用。
3. 在猪肉泥中加入盐搅拌至有粘性后，加入鸡粉、细砂糖、酱油及米酒搅拌均匀备用。
4. 将水分2次加入猪肉泥中，一面加水一面搅拌至水分被吸收，再加入姜末、笋丝、白胡椒粉、红葱油及香油拌匀即成笋丝猪肉馅。
5. 将馅料包入饺子皮即可。

23 莲藕猪肉水饺

材料

猪肉泥300克、莲藕150克、姜末10克、葱花30克、饺子皮适量

调味料

盐3.5克、鸡粉4克、细砂糖4克、酱油10毫升、米酒10毫升、香油1大匙

做法

1. 烧一锅滚沸的水，将莲藕洗净刮除表皮后切丁，然后放入锅中氽烫约1分钟，捞出冲凉沥干，备用。
2. 将猪肉泥放入钢盆中，加盐搅拌至有粘性，再加入鸡粉、细砂糖、酱油以及米酒拌匀。
3. 盆中加入莲藕丁、姜末、葱花以及香油拌匀即为莲藕猪肉馅。
4. 将馅料包入饺子皮即可。

24 芥菜猪肉水饺

材料

猪肉泥	300克
芥菜心	200克
姜末	10克
葱花	30克
饺子皮	适量

调味料

盐	3.5克
鸡粉	4克
细砂糖	4克
酱油	10毫升
米酒	10毫升
香油	1大匙

做法

1. 烧一锅滚沸的水，放入芥菜心氽烫约1分钟，捞出冲凉沥干切丁，再用手挤除水分，备用。
2. 将猪肉泥放入钢盆中，加盐搅拌至有粘性，再加入鸡粉、细砂糖、酱油以及米酒拌匀。
3. 盆中加入芥菜丁、葱花、姜末以及香油搅拌均匀即为芥菜猪肉馅。
4. 将馅料包入饺子皮即可。

25 香椿猪肉水饺

🥟 材料

猪肉泥300克、圆白菜100克、香椿50克、姜8克、葱12克、水50毫升、饺子皮适量

🧂 调味料

盐4克、鸡粉4克、细砂糖3克、酱油10毫升、米酒10毫升、白胡椒粉1小匙、香油1大匙

🍚 做法

1. 圆白菜切丁，加入1克盐抓匀腌渍约5分钟后，挤去水分；香椿、姜、葱洗净切碎末，备用。
2. 在猪肉泥中加入3克盐搅拌至有粘性，再加入鸡粉、细砂糖、酱油、米酒拌匀备用。
3. 将水分2次加入猪肉泥中，并一面加水一面搅拌至水分被吸收，再加入做法1的所有材料、白胡椒粉和香油即成香椿猪肉馅。
4. 将馅料包入饺子皮即可。

26 紫苏脆梅水饺

🥟 材料		🧂 调味料	
猪肉泥	250克	糖	1小匙
脆梅	30颗	盐	少许
紫苏梅	15颗	米酒	1大匙
紫苏叶	少许	梅汁	1大匙
饺子皮	适量	淀粉	少许
		香油	少许

🍚 做法

1. 在猪肉泥中加入所有调味料抓匀腌渍约15分钟备用。
2. 紫苏梅去籽，取梅肉切末；紫苏叶洗净切末备用。
3. 取一大容器，放入做法1和做法2的材料一起搅拌均匀即成梅肉内馅。
4. 取一片饺子皮，于中间部分放上适量梅肉内馅、放上一颗脆梅后，将上下两边皮对折粘起，再于接口处依序折上花纹使其粘得更紧即可。

鲜干贝猪肉水饺

上海青猪肉水饺

27 上海青猪肉水饺

材料

猪肉泥	300克
上海青	200克
姜	8克
葱	12克
水	50毫升
水饺皮	适量

调味料

盐	3.5克
鸡粉	3克
细砂糖	3克
酱油	10毫升
米酒	10毫升
白胡椒粉	1/2小匙
香油	1大匙

做法

1. 姜、葱洗净切碎末；上海青放入沸水中氽烫约1分钟捞起，以冷开水冲凉后挤去水分，切成碎末，备用。
2. 在猪肉泥中加入盐搅拌至有粘性，加入鸡粉、细砂糖、酱油及米酒拌匀，再将水分2次加入，一面加水一面搅拌至水分被肉吸收。
3. 加入做法1的所有材料及白胡椒粉、香油拌匀，即成上海青猪肉馅。
4. 将馅料包入饺子皮即可。

28 鲜干贝猪肉水饺

材料

猪肉泥	200克
鲜干贝	100克
姜	8克
葱	20克
水	50毫升
水饺皮	适量

调味料

盐	3.5克
鸡粉	3克
细砂糖	3克
米酒	10毫升
白胡椒粉	1/2小匙
香油	1大匙

做法

1. 鲜干贝洗净后切丁；姜、葱洗净切碎末，备用。
2. 在猪肉泥中加入盐搅拌至有粘性，再加入鸡粉、细砂糖、米酒拌匀后，将水分2次加入，一面加水一面搅拌至水分被肉吸收。
3. 加入做法1的所有材料、白胡椒粉及香油拌匀即成鲜干贝猪肉馅。
4. 将馅料包入饺子皮即可。

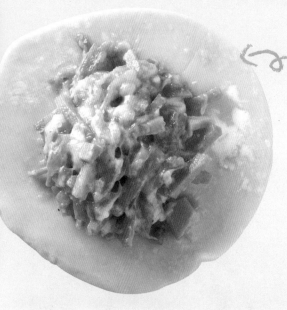

29 南瓜猪肉水饺

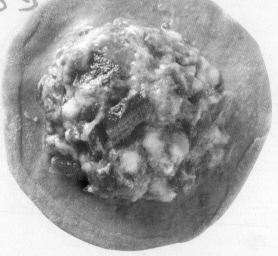

材料

猪肉泥300克、南瓜200克、姜末8克、葱末12克、水50毫升、饺子皮适量

调味料

盐3.5克、鸡粉4克、细砂糖4克、酱油10毫升、米酒10毫升、白胡椒粉1/2小匙、香油1大匙

做法

1. 南瓜洗净后去皮并切短丝，备用。
2. 将猪肉泥放入钢盆中，加盐搅拌至有粘性，再加入鸡粉、细砂糖及酱油、米酒拌匀，最后将水分2次加入，一面加水一面搅拌至水分被肉吸收。
3. 加入南瓜及白胡椒粉、香油拌匀即成南瓜猪肉馅。
4. 将馅料包入饺子皮即可。

30 西红柿猪肉水饺

材料

猪肉泥300克、西红柿150克、姜末8克、葱末12克、水50毫升、饺子皮适量

调味料

盐3.5克、鸡粉4克、细砂糖4克、番茄酱1大匙、酱油10毫升、米酒10毫升、白胡椒粉1/2小匙、香油1大匙

做法

1. 将西红柿放入沸水中，煮约1分钟取出用冷开水冲凉，去皮去籽，略挤干水分切丁，备用。
2. 猪肉泥加盐搅拌至有粘性，加入鸡粉、细砂糖、酱油及米酒拌匀备用。
3. 将水分2次加入猪肉泥中，一面加水一面搅拌至水分被吸收，再加入番茄酱、姜末、葱末、西红柿丁、白胡椒粉、香油拌匀即成西红柿猪肉馅。
4. 将馅料包入饺子皮即可。

31 三文鱼芹菜水饺

材料

三文鱼200克、芹菜50克、茭白100克、蒜仁2颗、饺子皮适量

调味料

米酒1大匙、盐1小匙、糖1小匙、胡椒粉少许、淀粉少许、香油少许

做法

1. 三文鱼洗净后沥干水分切小丁，加入米酒抓匀腌渍约15分钟；芹菜、蒜仁洗净切末备用。
2. 将茭白以沸水汆烫后捞起泡入冷水，捞出切细丁去水分。
3. 取一大容器放入做法1、做法2除三文鱼丁外准备好的材料及调味料一起搅拌均匀，再放入三文鱼丁拌匀即成三文鱼内馅。
4. 将馅料包入饺子皮即可。

32 韭黄鲜鱼水饺

材料

旗鱼肉泥200克、肥猪肉泥100克、姜末10克、葱花20克、韭黄150克、淀粉15克、水80毫升、饺子皮适量

调味料

盐3.5克、鸡粉4克、细砂糖2克、米酒10毫升、白胡椒粉1/2小匙、香油1大匙

做法

1. 韭黄切成约0.5厘米见方的小丁；淀粉和水调匀成水淀粉，备用。
2. 在旗鱼肉泥中加入盐搅拌至有粘性，再加入鸡粉、细砂糖及米酒拌匀，将水淀粉分2次加入盆中，一面加水一面搅拌至水分被鱼肉吸收。
3. 加入肥猪肉泥拌匀，再加入韭黄丁、葱花、姜末、白胡椒粉以及香油搅拌均匀即为韭黄鲜鱼馅。
4. 将馅料包入饺子皮即可。

33 旗鱼水饺

材料

胡萝卜50克、豌豆40克、姜10克、葱20克、旗鱼肉泥200克、肥猪肉泥100克、淀粉15克、水80毫升、饺子皮适量

调味料

盐3.5克、鸡粉4克、细砂糖2克、米酒10毫升、白胡椒粉1/2小匙、香油1大匙

做法

1. 胡萝卜洗净切小丁，放入沸水中汆烫约30秒，以冷开水冲凉并沥干水分；姜、葱洗净切碎末；淀粉和水调匀成水淀粉，备用。
2. 在旗鱼肉泥中加入盐搅拌至有粘性，加入鸡粉、细砂糖及米酒拌匀后将水淀粉分2次加入，一面加水一面搅拌至水分被鱼肉吸收。
3. 加入肥猪肉泥、做法1的所有材料、白胡椒粉及香油拌匀即成旗鱼馅。
4. 将馅料包入饺子皮即可。

34 金枪鱼小黄瓜水饺

材料

金枪鱼罐头200克、小黄瓜200克、蒜末5克、洋葱末5克、饺子皮适量

调味料

盐1小匙、糖1小匙、胡椒粉少许、淀粉少许、香油少许

做法

1. 小黄瓜洗净后切去头尾再刨丝,放入碗中加入1小匙盐(分量外)一起抓匀后腌约15分钟,用力抓小黄瓜丝让其出水后,沥干水分备用。
2. 取一大容器放入小黄瓜丝、金枪鱼、葱末、洋葱末及所有调味料一起搅拌均匀,即成金枪鱼小黄瓜内馅。
3. 将馅料包入饺子皮即可。

35 鲜虾猪肉水饺

材料

猪肉泥400克、虾仁100克、葱花3大匙、姜末1大匙

调味料

盐1小匙、酱油1小匙、细砂糖1小匙、白胡椒粉1小匙、香油1小匙、米酒1/2小匙、淀粉1小匙

做法

1. 在猪肉泥和虾仁中分别加入调味料中1/2小匙的盐,搅拌摔打数十下至有粘性,再将两者混合在一起拌匀,备用。
2. 加入姜末、葱花以及其余调味料拌匀,即为鲜虾猪肉馅。
3. 将馅料包入饺子皮即可。

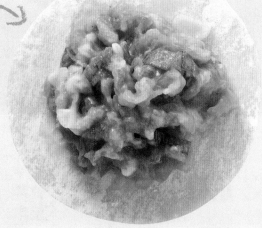

36 丝瓜虾仁水饺

材料

丝瓜250克、虾仁150克、金针菇100克、蒜仁5克、饺子皮300克

调味料

盐2小匙、糖1小匙、胡椒粉少许、淀粉少许、香油少许

做法

1. 丝瓜去皮去头尾后洗净,切成四等份,并将内部白色籽瓤去除,再分别切丝,加入1小匙盐(分量外)抓匀腌渍约10分钟后挤干水分备用。
2. 虾仁洗净、切小丁;金针菇放入沸水中汆烫后捞起切小段;蒜仁切末备用。
3. 取一大容器,放入做法1、做法2的材料及所有调味料一起搅拌均匀即成丝瓜虾仁内馅。
4. 将馅料包入饺子皮即可。

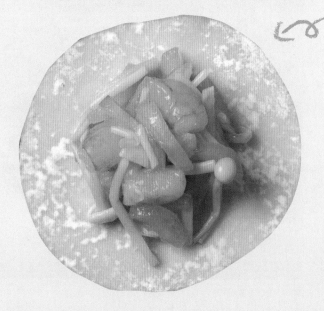

37 白菜虾仁水饺

🥥 材料

大白菜400克、虾仁300克、姜末15克、葱花20克、饺子皮适量

🧂 调味料

盐3.5克、鸡粉4克、细砂糖3克、米酒15毫升、白胡椒粉1小匙、香油1大匙

🍚 做法

1. 烧一锅滚沸的水，将大白菜剖半去蒂头，放入水中汆烫约20秒，取出冲凉沥干，切碎后用手挤除水分，备用。
2. 虾仁洗净后用厨房纸巾擦干水分，用刀剁碎成约0.5厘米见方的小丁后放入钢盆，加盐搅拌至有粘性。
3. 盆中加入鸡粉、细砂糖以及米酒拌匀，再加入大白菜碎、葱花、姜末、白胡椒粉以及香油拌匀即为白菜虾仁馅。
4. 将馅料包入饺子皮即可。

38 全虾鲜肉水饺

🥥 材料

猪肉泥	100克
葱	1根
姜	10克
鲜虾	12尾
饺子皮	12张

🧂 调味料

盐	2小匙
糖	1/2大匙
酱油	1/2大匙
香油	1/2大匙
米酒	1/3大匙
白胡椒粉	2小匙

🍚 做法

1. 姜洗净拍碎切成细末；葱洗净切细末；虾去头及壳留尾，洗净挑去肠泥后擦干，备用。
2. 在猪肉泥中加入姜末、葱末及所有调味料，搅拌并抓捏摔打至肉馅变黏稠。
3. 取饺子皮包入适量肉馅，再放上一尾鲜虾，注意将虾尾置于水饺皮之外，最后包起来即可。

39 干贝虾仁水饺

🥘 材料

虾仁200克、鲜干贝100克、韭黄150克、姜末10克、饺子皮适量

🧂 调味料

盐3.5克、鸡粉4克、细砂糖2克、米酒10毫升、白胡椒粉1/2小匙、香油1大匙

🍲 做法

1. 鲜干贝用刀剁碎成约0.5厘米见方的小丁；韭黄切成约0.5厘米见方的小丁，备用。
2. 虾仁洗净后用厨房纸巾擦干水分，用刀剁碎成约0.5厘米见方的小丁后放入钢盆，加入盐搅拌至有粘性。
3. 盆中加入鸡粉、细砂糖以及米酒拌匀，再加入鲜干贝丁、韭黄丁、姜末、白胡椒粉以及香油搅拌均匀即为干贝虾仁馅。
4. 将馅料包入饺子皮即可。

40 翡翠鲜贝水饺

🥘 材料

菠菜梗150克、猪肉泥150克、干贝100克、蒜仁2颗、水150毫升、米酒少许、饺子皮300克

🧂 调味料

盐1小匙、鸡粉1小匙、胡椒粉少许、香油少许

🍲 做法

1. 菠菜梗汆烫后泡冷水，捞起沥干，切末；蒜仁拍碎切末备用。
2. 干贝加入水、米酒一起放入电锅蒸约30分钟，取出沥干备用。
3. 将做法1的材料、猪肉泥和所有调味料一起搅拌均匀即成菠菜肉泥内馅。
4. 取一片水饺皮，于中间部分放上适量菠菜肉泥内馅、一颗干贝，再将上下两边皮对折粘起，于接口处依序折上花纹使其粘得更紧，重复此动作至材料用毕即可。

41 蛤蜊猪肉水饺

材料

猪肉泥300克、蛤蜊肉100克、姜8克、葱40克、饺子皮适量

调味料

盐3克、鸡粉3克、细砂糖3克、酱油10毫升、米酒10毫升、白胡椒粉1小匙、香油1大匙

做法

1. 蛤蜊肉洗净；姜洗净切成碎末；葱洗净切成葱花，备用。
2. 将蛤蜊肉放入沸水中氽烫约5秒，捞起并沥干水分备用。
3. 在猪肉泥中加入盐搅拌至有粘性，加入鸡粉、细砂糖、酱油、米酒搅拌均匀，再加入蛤蜊肉、葱花、姜末及白胡椒粉、香油拌匀即成蛤蜊猪肉馅。
4. 将馅料包入饺子皮即可。

42 蟹肉馅水饺

材料

A. 饺子皮 ……… 300克
B. 猪肉泥 ……… 150克
   蟹脚肉 ……… 150克
   葱 ……………… 100克
C. 米酒 …………… 1大匙

调味料

盐 ………………… 1小匙
糖 ………………… 1小匙
胡椒粉 …………… 少许
香油 ……………… 少许

做法

1. 蟹脚肉洗净沥干水分后，加入米酒腌渍10分钟，再沥干备用。
2. 葱洗净切末，加入1小匙盐（分量外）抓匀备用。
3. 取一大容器，放入葱末、猪肉泥及所有调味料一起搅拌均匀，并轻轻摔打至有粘性即成肉泥内馅。
4. 取一片饺子皮，于中间部分放上适量肉泥内馅、蟹脚肉，再将上下两边皮对折粘起，于接口处依序折上花纹使其粘得更紧即可。

43 蔬菜鱿鱼水饺

🍱 材料

猪肉泥200克、鲜鱿鱼肉100克、豌豆80克、胡萝卜丁80克、姜末15克、饺子皮适量

🧂 调味料

盐3.5克、鸡粉4克、细砂糖3克、酱油10毫升、米酒15毫升、白胡椒粉1小匙、香油1大匙

🍲 做法

1. 鲜鱿鱼肉洗净沥干，切丁备用。
2. 烧一锅滚沸的水，放入豌豆和胡萝卜丁余烫约10秒，捞出冲凉沥干，备用。
3. 将猪肉泥和鲜鱿鱼肉丁放入钢盆中，加盐搅拌至有粘性，再加入鸡粉、细砂糖、酱油以及米酒拌匀。
4. 盆中加入豌豆、胡萝卜丁、姜末、白胡椒粉以及香油搅拌均匀即为蔬菜鱿鱼馅。
5. 将馅料包入饺子皮即可。

44 芹菜墨鱼水饺

🍱 材料

墨鱼肉	200克
猪肉泥	400克
胡萝卜丁	100克
芹菜末	80克
姜末	20克
饺子皮	适量

🧂 调味料

盐	6克
细砂糖	10克
米酒	20毫升
白胡椒粉	1小匙
香油	2大匙

🍲 做法

1. 墨鱼肉洗净后沥干切丁；胡萝卜丁入锅余烫1分钟后冲凉沥干。
2. 将猪肉泥及墨鱼肉放入钢盆中，加盐搅拌至有粘性，再加入细砂糖及米酒拌匀。
3. 加入胡萝卜丁、芹菜末、姜末、白胡椒粉及香油拌匀即为芹菜墨鱼馅。
4. 将馅料包入饺子皮即可。

45 芥末海鲜水饺

🫐 材料

猪肉泥250克、虾仁100克、葱花2大匙、饺子皮适量

🧂 调味料

黄芥末1/2大匙、盐1/3大匙、糖1/2大匙、白胡椒粉2小匙

🍲 做法

1. 将虾仁洗净，挑去肠泥，切丁备用。
2. 将虾仁丁、猪肉泥、葱花及所有调味料一起放入容器中搅拌均匀即成芥末海鲜馅。
3. 将馅料包入饺子皮即可。

美味秘诀

馅料中使用的芥末是蘸热狗用的黄芥末，当然你也可以换成蘸生鱼片的日式芥末，不过味道较为辛呛，分量要斟酌使用。

46 蘑菇鸡肉水饺

🫐 材料

鸡腿肉	300克
蘑菇	120克
姜末	8克
葱花	12克
饺子皮	适量

🧂 调味料

盐	3.5克
鸡粉	4克
细砂糖	3克
酱油	10毫升
米酒	10毫升
白胡椒粉	1小匙
香油	1大匙

🍲 做法

1. 烧一锅滚沸的水，放入蘑菇氽烫约10秒，捞出冲凉沥干切丁，再用手挤除水分，备用。
2. 将鸡腿肉剁碎放入钢盆中，加盐搅拌至有粘性，再加入鸡粉、细砂糖、酱油、米酒拌匀。
3. 盆中加入蘑菇丁、葱花、姜末、白胡椒粉及香油搅拌均匀即为蘑菇鸡肉馅。
4. 将馅料包入饺子皮即可。

47 银芽鸡肉水饺

材料

土鸡腿肉350克、姜8克、葱12克、绿豆芽120克、水30毫升、饺子皮适量

调味料

盐3.5克、鸡粉4克、细砂糖3克、酱油10毫升、米酒10毫升、白胡椒粉1小匙、香油1大匙

做法

1. 姜、葱洗净切碎末；绿豆芽放入沸水中氽烫约10秒后捞起，以冷开水冲凉后挤去水分，切小段，备用。
2. 将鸡腿肉去骨后将鸡肉剁碎，加盐搅拌至有粘性，再加入鸡粉、细砂糖、酱油及米酒拌匀后，将水分2次加入盆中，一面加水一面搅拌至水分被鸡肉吸收。
3. 加入做法1的材料、白胡椒粉及香油拌匀即成银芽鸡肉馅。
4. 将馅料包入饺子皮即可。

48 辣味鸡肉水饺

材料

鸡胸肉	250克
圆白菜末	30克
红辣椒末	40克
葱花	60克
饺子皮	适量

调味料

盐	1大匙
糖	1/2大匙
辣椒油	1/2大匙
香油	1/3大匙
白胡椒粉	1大匙

做法

1. 鸡胸肉洗净并剁成肉末备用。
2. 将鸡胸肉末、红辣椒末、圆白菜末、葱花一起搅拌均匀。
3. 将所有调味料加入做法2的材料中搅拌直至馅料有黏稠感，即成辣味鸡肉馅。
4. 将馅料包入饺子皮即可。

49 佛手瓜鸡肉水饺

材料

鸡胸肉200克、佛手瓜200克、蒜末5克、米酒1大匙、饺子皮适量

调味料

盐2小匙、鸡粉1小匙、香油少许、胡椒粉少许、淀粉少许

做法

1. 鸡胸肉洗净去皮去骨，剁碎后加入1大匙米酒抓匀，腌渍约10分钟备用；佛手瓜刨丝，加少许盐抓匀，腌渍10分钟，挤干水分备用。
2. 取一大容器放入鸡胸肉及所有调味料一起搅拌均匀，以保鲜膜覆盖后放入冰箱冷藏腌渍约20分钟。
3. 将做法2的材料和佛手瓜丝一起搅拌均匀，并轻轻摔打至有粘性即成佛手瓜鸡肉内馅。
4. 将馅料包入饺子皮即可。

50 青木瓜水饺

材料

青木瓜 ············ 250克
鸡肉 ············· 100克
猪肉泥 ··········· 100克
蒜仁 ·············· 2颗
饺子皮 ··········· 300克

调味料

盐 ················ 2小匙
糖 ················ 1小匙
胡椒粉 ··········· 1小匙
香油 ·············· 1大匙

做法

1. 青木瓜去皮、洗净后去头对切、去籽再刨丝，放入碗中加入1小匙盐（分量外）一起抓匀腌约15分钟，再用力抓青木瓜丝让其出水，然后沥干水分备用。
2. 鸡肉去皮和骨后切小丁；蒜仁切末备用。
3. 取一大容器放入做法1、做法2准备好的材料以及猪肉泥，再加入所有调味料一起搅拌均匀，摔打至有粘性，即成青木瓜内馅。
4. 将馅料包入饺子皮即可。

51 洋葱羊肉水饺

材料

羊肉····················250克
洋葱末·············150克
蒜末····················2颗
肉桂粉·············1小匙
饺子皮···········适量

调味料

盐 ··················· 2小匙
糖 ··················· 1小匙
胡椒粉·············少许
淀粉·················少许

做法

1. 羊肉洗净剁碎，加入肉桂粉抓匀，腌渍约15分钟备用。
2. 取一大容器放入洋葱末，加入1小匙盐（分量外）拌匀，再放入羊肉、蒜末及调味料一起搅拌均匀，并轻轻摔打至有粘性即成洋葱羊肉内馅。
3. 将馅料包入饺子皮即可。

52 青葱牛肉水饺

材料

牛肉··················250克
肥猪肉···············30克
葱·······················150克
蒜末····················10克
饺子皮···········适量

调味料

A. 盐 ················1小匙
　　鸡粉·············1小匙
　　米酒·············1大匙
　　淀粉·············少许
　　胡椒粉·········少许
B. 香油·············少许

做法

1. 牛肉、肥猪肉分别剁碎；葱洗净沥干水分后切末，备用。
2. 取一大容器放入牛肉碎末及调味料A一起搅拌均匀，以保鲜膜覆盖后放入冰箱冷藏腌渍约20分钟。
3. 取出腌渍好的牛肉馅，放入肥猪肉碎末、葱末、蒜末、香油，一起搅拌均匀并摔打至肉馅有粘性即成牛肉内馅。
4. 将馅料包入饺子皮即可。

53 冬菜牛肉水饺

材料

牛肉泥600克、冬菜30克、水50毫升、蒜酥30克、芹菜末40克、葱花20克、姜末20克、饺子皮适量

调味料

盐6克、细砂糖10克、酱油15毫升、料酒20毫升、白胡椒粉1小匙、香油2大匙

做法

1. 冬菜洗净沥干后切碎；牛肉泥放入钢盆中，加盐搅拌至有粘性。
2. 在牛肉泥中加入细砂糖及酱油、料酒拌匀，再将50毫升水分2次加入，一面加水一面搅拌至水分被肉吸收。
3. 继续加入冬菜、蒜酥、芹菜末、葱花、姜末、白胡椒粉及香油拌匀即成冬菜牛肉馅。
4. 将馅料包入饺子皮即可。

54 豌豆牛肉水饺

材料

牛肉泥500克、豌豆100克、水50毫升、洋葱丁100克、姜末20克、饺子皮适量

调味料

盐6克、细砂糖10克、酱油15毫升、米酒20毫升、黑胡椒粉1小匙、香油2大匙

做法

1. 汆烫10秒后冲凉沥干；牛肉泥放入钢盆中，加盐搅拌至有粘性。
2. 在牛肉泥中加入细砂糖及酱油、米酒拌匀，再将50毫升水分2次加入，一面加水一面搅拌至水分被肉吸收。
3. 继续加入豌豆、洋葱丁、姜末、黑胡椒粉及香油拌匀即成青豆牛肉馅。
4. 将馅料包入饺子皮即可。

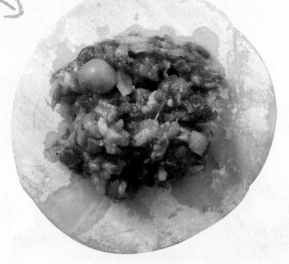

55 香辣牛肉水饺

材料

牛肉泥600克、水50毫升、芹菜末50克、葱花30克、姜末30克、饺子皮适量

调味料

盐4克、细砂糖10克、辣椒酱3大匙、米酒20毫升、花椒粉1小匙、香油2大匙

做法

1. 牛肉泥放入钢盆中，加盐搅拌至有粘性后，加入细砂糖、辣椒酱、米酒、花椒粉拌匀，再将50毫升水分2次加入，一面加水一面搅拌至水分被肉吸收。
2. 加入芹菜末、葱花、姜末及香油拌匀即成香辣牛肉馅。
3. 将馅料包入饺子皮即可。

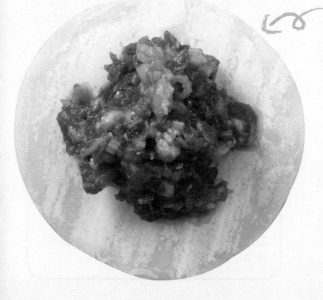

56 西红柿牛肉水饺

材料

牛肉泥500克、西红柿400克、香菜末50克、葱花30克、姜末20克、饺子皮适量

调味料

盐4克、细砂糖20克、番茄酱3大匙、米酒20毫升、黑胡椒粉1小匙、香油2大匙

做法

1. 西红柿切开，将含水量较多的籽瓤去除后切丁；牛肉泥放入钢盆中，加盐后搅拌至有粘性。
2. 在牛肉泥中加入细砂糖、番茄酱和米酒拌匀。
3. 加入西红柿丁、香菜末、葱花、姜末、黑胡椒粉及香油拌匀即成西红柿牛肉馅。
4. 将馅料包入饺子皮即可。

57 青菜水饺

材料

上海青600克、泡发香菇40克、姜末30克

调味料

盐1/2小匙、细砂糖1小匙、白胡椒粉1/2小匙、香油2大匙

做法

1. 烧开一锅水，将上海青整棵放入锅中，汆烫约30秒后，取出冲冷水至凉，挤干后切碎，再用布巾将上海青水分充分挤干。
2. 将泡发香菇洗净切成细丝备用。
3. 将挤干的上海青碎与香菇丝、姜末放入盆中，再加入所有调味料拌匀即成青江蔬菜馅。
4. 将馅料包入饺子皮即可。

美味秘诀

上海青水分高，脱水的部分要特别注意。上海青放入沸水汆烫后，要先挤干一次，切碎后再用力挤干一次，才能彻底去除水分。

58 雪里红素饺

材料

雪里红400克、豆干200克、红辣椒30克、姜末30克、饺子皮适量

调味料

盐3克、细砂糖10克、香油2大匙

做法

1. 雪里红洗净后用手挤干水分，切细；红辣椒洗净去籽切末；豆干切小丁。
2. 热锅，加3大匙色拉油（材料外），以小火爆香姜末及红辣椒末，再放入豆干丁炒香。
3. 继续加入雪里红、盐及细砂糖，炒至水分收干，加入香油炒匀后盛出放凉即成雪里红馅。
4. 将馅料包入饺子皮即可。

59 豌豆玉米素饺

材料

豌豆	100克
玉米粒	100克
老豆腐	500克
泡发香菇	80克
姜末	30克
饺子皮	适量

调味料

盐	6克
细砂糖	10克
白胡椒粉	1/2小匙
香油	2大匙

做法

1. 烧一锅水，将豌豆及玉米粒汆烫10秒后冲凉沥干；老豆腐下锅汆烫1分钟后沥干放凉备用。
2. 泡发香菇洗净切小丁。
3. 将豆腐抓碎后放入盆中，加入香菇丁、玉米粒、豌豆、姜末拌匀。
4. 加入所有调味料拌匀即成豌豆玉米馅。
5. 将馅料包入饺子皮即可。

60 香菇魔芋素饺

材料

老豆腐200克、魔芋100克、泡发香菇80克、胡萝卜100克、姜末30克、饺子皮适量

调味料

盐6克、细砂糖10克、白胡椒粉1/2小匙、香油2大匙

做法

1. 魔芋、泡发香菇及胡萝卜洗净切小丁。烧一锅水，将胡萝卜氽烫10秒后冲凉沥干；将魔芋及豆腐分别下锅氽烫1分钟后沥干放凉备用。
2. 将豆腐抓碎后放入盆中，加入魔芋丁、香菇丁、胡萝卜丁、姜末拌匀。
3. 加入所有调味料拌匀即成香菇魔芋馅。
4. 将馅料包入饺子皮即可。

61 南瓜蘑菇素饺

材料

南瓜	600克
蘑菇	80克
豌豆	100克
姜末	30克
饺子皮	适量

调味料

盐	6克
细砂糖	10克
白胡椒粉	1/2小匙
香油	2大匙

做法

1. 南瓜去皮、去籽，放入蒸笼蒸20分钟后放凉压成泥备用；蘑菇切小丁；烧一锅水，将蘑菇丁及豌豆氽烫10秒后冲凉沥干。
2. 将南瓜泥放入盆中，加入蘑菇丁、豌豆仁、姜末拌匀。
3. 加入所有调味料拌匀即成南瓜蘑菇馅。
4. 将馅料包入饺子皮即可。

62 枸杞地瓜叶素饺

🥘 **材料**

地瓜叶500克、枸杞子50克、豆干100克、姜末30克、饺子皮适量

🧂 **调味料**

盐6克、细砂糖10克、白胡椒粉1/2小匙、香油2大匙

🍚 **做法**

1. 烧一锅水，将地瓜叶入锅汆烫10秒后捞出冲水至凉，挤干后切碎，然后再一次用手挤干水分；枸杞子洗净沥干；豆干切小丁。
2. 将地瓜叶放入盆中，加入枸杞子、豆干丁、姜末拌匀。
3. 加入所有调味料拌匀即成枸杞地瓜叶馅。
4. 将馅料包入饺子皮即可。

63 金针腐皮水饺

🥘 **材料**

金针菇	400克
胡萝卜丝	100克
油炸腐皮	60克

🧂 **调味料**

盐	1小匙
细砂糖	2小匙
白胡椒粉	1小匙
香油	4大匙

🍚 **做法**

1. 烧开一锅水，将去除尾部的金针菇及胡萝卜丝放入锅中，汆烫30秒后，取出冲冷水至凉，沥干水分，再用布巾将水分吸干。
2. 将油炸腐皮用热水泡软后，挤干水分切细丝备用。
3. 将做法1、做法2的材料放入盆中，加入香油拌匀，再加入盐、细砂糖及白胡椒粉拌匀即成金针腐皮馅。
4. 将馅料包入饺子皮即可。

美味秘诀

炸腐皮久了容易有油耗味，使用前要先用水泡软，再放入沸水汆烫过，就可以去除油耗的臭味。

59

64 酸辣汤饺

 材料

A. 猪血50克、盒装豆腐1/2块、竹笋50克、猪肉20克、胡萝卜10克、鲜木耳15克
B. 鸡蛋1个、葱花5克
C. 生水饺约15个

调味料

高汤500毫升、盐1/2小匙、鸡粉1/4小匙、白胡椒粉1小匙、水淀粉1大匙、白醋2小匙、乌醋2小匙、香油1小匙

做法

1. 将生水饺放入沸水中煮至膨胀，捞起备用。
2. 将材料A切丝；将材料B的鸡蛋打散成蛋液，备用。
3. 将材料A放入沸水中汆烫约10秒后，捞起放入高汤中，开中火煮至沸腾。
4. 汤中加入盐、鸡粉与白胡椒粉拌匀，起锅前以水淀粉勾上薄芡，再将蛋液淋入锅中，即关火。
5. 加入香油、白醋及乌醋拌匀，再加入材料B中的葱花。
6. 放入煮好的水饺即可。

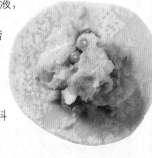

水饺皮大变身

包饺子难免会剩下一些饺子皮，丢了可惜，倒不如顺便做些料理。饺子皮能做什么呢？只要动点脑筋再加些创意，单调的饺子皮马上就能变身炒面、香酥炸物、美味汤品、凉拌沙拉等，成为令人意想不到的惊喜佳肴。

65 饺皮炒面

🍠 材料

水饺皮 …………… 15张
鲜虾猪肉馅 ……… 50克
（做法请见P46）
洋葱丝 …………… 30克
圆白菜丝 ………… 50克
胡萝卜丝 ………… 20克
韭菜段 …………… 20克
色拉油 …………… 1大匙

🧂 调味料

盐 ……………… 1/2小匙
鸡粉 …………… 1/4小匙

🍲 做法

1. 水饺皮切宽条，放入滚沸的水中汆烫至熟，捞出淋上香油拌匀后静置冷却，备用。
2. 热锅倒入色拉油，放入鲜虾猪肉馅炒至肉色反白，加入洋葱丝炒至软化。
3. 锅中放入水饺皮宽条、圆白菜丝、胡萝卜丝、韭菜段以及所有调味料，以中火拌炒3分钟至入味即可。

66 椒盐饺皮

 材料

水饺皮 ………… 10张
鲜虾猪肉馅 ……… 50克
（做法请见P46）

材料 调味料

七味粉 …………… 适量
胡椒盐 …………… 适量

做法

1. 水饺皮以擀面棍擀薄成大片状，每片水饺皮加入5克鲜虾猪肉馅后对折，备用。
2. 热油锅至油温约180℃，放入肉馅水饺皮，炸至水饺皮表面呈金黄色，捞出沥干油脂。
3. 将七味粉和胡椒盐拌匀，撒至炸好的水饺皮上即可。

67 紫菜饺皮蛋花汤

材料

水饺皮 ………… 10张
鸡蛋 ……………… 1个
紫菜 ……………… 1小片
葱花 ……………… 1小匙
市售高汤 ……… 600毫升

调味料

盐 ……………… 1/2小匙
香油 …………… 1/2小匙

做法

1. 水饺皮对切；鸡蛋打散成蛋液，备用。
2. 市售高汤煮至滚沸后，放入水饺皮片以小火煮3分钟。
3. 锅中加入紫菜煮至滚沸，熄火淋入蛋液静置1分钟后搅散，淋入香油、撒上葱花即可。

68 小黄瓜拌饺皮

 材料

水饺皮 ············· 10张
小黄瓜 ··············· 2条
蒜末 ············· 1/2小匙
红辣椒片 ········ 1/4小匙

🧂 调味料

盐 ··············· 1/2小匙
白醋 ··············· 1小匙
细砂糖 ········· 1/2小匙
香油 ··············· 1小匙

做法

1. 小黄瓜洗净切段，加盐抓拌均匀，备用。
2. 将每张水饺皮切成四等份，放入滚沸的水中以小火煮3分钟，捞出淋入香油拌匀，静置冷却，备用。
3. 将小黄瓜段、水饺皮片加入蒜末、红辣椒片以及所有调味料拌匀即可。

69 饺皮炸香蕉

材料

水饺皮 ············· 10张
香蕉 ··············· 1根
蜂蜜 ··············· 适量
色拉油 ············· 1大匙

做法

1. 香蕉去皮切斜片；水饺皮以擀面棍擀薄成大片状，备用。
2. 将香蕉片置于水饺皮中央，再将水饺皮四边往中间摺起，备用。
3. 热平底锅倒入少许油，放入香蕉水饺皮煎至两面金黄酥脆后盛盘，淋入蜂蜜即可。

70 蜜糖饺皮

材料

水饺皮 ············· 12张
细砂糖 ············· 4大匙
水 ··············· 1大匙

做法

1. 将水饺皮横切成四等份，再在中间划一刀，备用。
2. 热油锅至油温约180℃，放入水饺皮条炸至呈金黄色，捞出沥干油脂，制成水饺皮酥备用。
3. 细砂糖加水拌匀，放入锅中以小火煮至呈金黄色，熄火淋入水饺皮酥中并拌匀即可。

制作煎饺、锅贴的**技巧**

煎饺的**包法**

美味小秘诀 Tips

煎饺皮和煎饺馅的分量比例一般为1:2，例如每张煎饺皮重10克，每份馅料的重量约为20克。可依个人的喜好略微调整。

做法
1. 将每张面皮拉成椭圆形后，将馅料放在面皮中。
2. 使用姆指与食指将最旁边的两边面皮捏合后，姆指不捏褶、食指将面皮往内收后捏褶，持续的往前捏成饺子状即可。

锅贴的**包法**

做法
1. 将每张面皮拉成椭圆形后，将馅料舀入面皮中，并将馅料摊成长形。
2. 将面皮从中间对折并捏合，将馅料包覆在面皮中，再将两边的面皮往中间捏合即可。

美味小秘诀 Tips

锅贴皮和锅贴馅的分量比例一般为1:2，例如每张锅贴皮重10克，每份馅料的重量约为20克。可依个人的喜好略微调整。

怎么做**煎饺**最好吃?

饺子篇 ○ 水饺 ○ 煎饺锅贴 ○ 蒸饺 ○ 炸饺 ○ 馄饨

煎饺皮

技巧1 煎饺皮或锅贴皮一定要使用温水面团来做,这样煎出来的皮才不会又干又硬。

技巧2 最好使用不粘锅,煎时可减少用油或不用油,可避免煎出油腻腻的饺皮。

技巧3 饺子下锅后可加入适量面粉水、水淀粉或玉米粉水,煎至水分完全收干、底部金黄上色即可,这样饺皮会更酥脆爽口。

煎饺馅

技巧1 油脂含量少的鸡肉和海鲜馅,可加入少许猪肉泥混合,使馅料口感滑嫩不干涩。

技巧2 肉泥类的馅料一定要先加少许盐,搅拌至有弹性,再分两次加入少许水拌至水分完全吸收,馅料才会爽滑多汁。

技巧3 腥味重的肉类和海鲜馅,可加姜和少许米酒或料酒去腥。

技巧4 煎饺下锅后一定要加水,水量至少淹过饺子的1/2,加盖煎至水分收干,馅料才会全熟,并留有适量汤汁。

怎么**煎**饺子?

取锅烧热,加入少许油。

放入生饺子。

加入可淹到饺子1/3处的水量至锅中。

盖上锅盖,焖煮至水干。

煮至饺子外观呈膨胀状态即可起锅。

71 圆白菜猪肉锅贴

材料

猪肉泥300克、圆白菜200克、姜末8克、葱末12克、水50毫升、饺子皮适量

调味料

盐4克、鸡粉4克、细砂糖3克、酱油10毫升、米酒10毫升、白胡椒粉1小匙、香油1大匙

做法

1. 圆白菜切丁，加入1克盐抓匀腌渍约5分钟后，挤去水分备用。
2. 猪肉泥加入3克盐搅拌至有粘性，加入鸡粉、细砂糖、酱油及米酒拌匀后，将水分2次加入，一面加水一面搅拌至水分被肉吸收。
3. 加入姜末、葱末、圆白菜丁、白胡椒粉及香油拌匀，即成圆白菜猪肉馅。
4. 将馅料包入饺子皮即可。

72 萝卜丝猪肉煎饺

材料

猪肉泥300克、白萝卜300克、姜8克、葱20克、水50毫升、饺子皮适量

调味料

盐5克、色拉油1大匙、鸡粉4克、细砂糖3克、酱油10毫升、米酒10毫升、白胡椒粉1小匙、香油1大匙

做法

1. 白萝卜去皮刨丝，加入2克盐抓匀腌渍约5分钟后，挤去水分；姜、葱分别洗净后切碎末，备用。
2. 热一锅，放入1大匙色拉油烧热后，将葱末加入锅中，以小火炒至略焦成葱油后，加入白萝卜丝炒匀盛起备用。
3. 在猪肉泥中加入3克盐搅拌至有粘性，再加入鸡粉、细砂糖、酱油、米酒拌匀后，将水分2次加入，一面加水一面搅拌至水分被肉吸收。
4. 加入姜末、白萝卜丝、白胡椒粉及香油拌匀即成萝卜丝猪肉馅。
5. 将馅料包入饺子皮即可。

73 茭白猪肉煎饺

🍅 材料

猪肉泥 …………300克
茭白丁 …………300克
胡萝卜丁…………80克
姜末 ……………30克
葱花 ……………30克
饺子皮 ………… 适量

🧂 调味料

盐 ………………6克
细砂糖 …………10克
酱油……………15毫升
料酒……………20毫升
白胡椒粉…………1小匙
香油……………2大匙

🍲 做法

1. 将茭白丁及胡萝卜丁用开水汆烫1分钟后捞出，以冷水冲凉，用手挤干水分，备用。
2. 猪肉泥放入钢盆中，加盐搅拌至有粘性。
3. 加入细砂糖、酱油、料酒拌匀，最后加入茭白丁、胡萝卜丁、姜末、葱花、白胡椒粉及香油拌匀即成茭白猪肉馅。
4. 将馅料包入饺子皮即可。

74 塔香猪肉锅贴

材料

猪肉泥500克、罗勒叶100克、水50毫升、姜末20克、葱花30克、饺子皮适量

调味料

盐4克、细砂糖10克、酱油15毫升、料酒20毫升、白胡椒粉1小匙、香油2大匙

做法

1. 罗勒叶洗净后切碎；猪肉泥放入钢盆中，加盐后搅拌至有粘性。
2. 在肉泥中加入细砂糖、酱油、料酒拌匀后，将50毫升水分2次加入，一面加水一面搅拌至水分被肉吸收。
3. 加入罗勒叶、葱花、白胡椒粉及香油拌匀即成塔香猪肉馅。
4. 将馅料包入饺子皮即可。

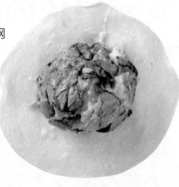

75 茄子猪肉煎饺

🍲 材料

猪肉泥300克、罗勒叶40克、茄子300克、姜末30克、葱花30克、饺子皮适量

🧂 调味料

盐6克、细砂糖10克、酱油15毫升、料酒20毫升、白胡椒粉1小匙、香油2大匙

🍲 做法

1. 罗勒叶切碎；茄子洗净切小丁，热油锅至油温约180℃，将茄子丁下锅炸约10秒定色，捞出沥干油后放凉备用。
2. 猪肉泥放入钢盆中，加盐搅拌至有粘性。
3. 加入细砂糖、酱油、料酒拌匀，再加入茄子丁、罗勒叶、姜末、葱花、白胡椒粉及香油拌匀即成茄子猪肉馅。
4. 将馅料包入饺子皮即可。

76 猪肝鲜肉锅贴

🍲 材料

猪肝	300克
猪肉泥	300克
姜末	30克
葱花	50克
饺子皮	适量

🧂 调味料

淀粉	2大匙
酱油	15毫升
盐	6克
细砂糖	10克
料酒	20毫升
白胡椒粉	1小匙
香油	2大匙

🍲 做法

1. 猪肝洗净后切小丁，加入淀粉及酱油抓匀备用。
2. 猪肉泥放入钢盆中，加盐搅拌至有粘性。
3. 在猪肉泥中加入细砂糖、料酒拌匀，再加入猪肝、姜末、葱花、白胡椒粉及香油拌匀即成猪肝鲜肉馅。
4. 将馅料包入饺子皮即可。

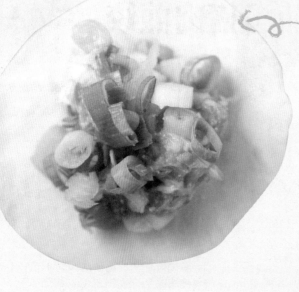

77 三星葱猪肉锅贴

材料

猪肉泥400克、三星葱250克、水50毫升、姜末20克、饺子皮适量

调味料

盐6克、细砂糖10克、酱油15毫升、料酒20毫升、白胡椒粉1小匙、香油2大匙

做法

1. 三星葱洗净后沥干切碎；猪肉泥放入钢盆中，加盐搅拌至有粘性。
2. 在猪肉泥中加入细砂糖、酱油、料酒拌匀后，将50毫升水分2次加入，一面加水一面搅拌至水分被肉吸收。
3. 加入三星葱末、姜末、白胡椒粉及香油拌匀即成三星葱猪肉馅。
4. 将馅料包入饺子皮即可。

78 韩式泡菜猪肉锅贴

材料

猪肉泥300克、韩式泡菜200克、姜8克、葱12克、饺子皮适量

调味料

盐2克、鸡粉4克、细砂糖6克、米酒10毫升、水50毫升、香油1大匙

做法

1. 韩式泡菜略挤干后切碎；姜、葱洗净并沥干水分后，切碎末，备用。
2. 猪肉泥加盐搅拌至有粘性，再加入鸡粉、细砂糖及米酒后拌匀，将水分2次加入，一面加水一面搅拌至水分被肉吸收。
3. 加入做法1的所有材料及香油拌匀即成泡菜猪肉馅。
4. 将馅料包入饺子皮即可。

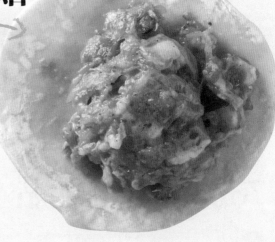

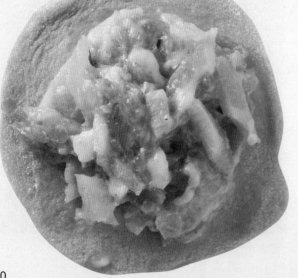

79 苦瓜猪肉煎饺

材料

猪肉泥300克、苦瓜200克、姜8克、葱12克、水50毫升、饺子皮适量

调味料

盐3.5克、鸡粉4克、细砂糖3克、酱油10毫升、米酒10毫升、白胡椒粉1小匙、香油1大匙

做法

1. 苦瓜去籽切丁，放入沸水中汆烫约20秒后，以冷开水冲凉挤干水分；姜、葱洗净切碎末，备用。
2. 猪肉泥加盐搅拌至有粘性，再加入鸡粉、细砂糖、酱油及米酒拌匀后，将水分2次加入并一面加水一面搅拌至水分被肉吸收。
3. 加入苦瓜丁、姜末、葱末、白胡椒粉及香油拌匀，即成苦瓜猪肉馅。
4. 将馅料包入饺子皮即可。

80 臭豆腐猪肉锅贴

材料

猪肉泥400克、臭豆腐300克、姜末30克、葱花50克、饺子皮适量

调味料

盐3克、辣椒酱2大匙、细砂糖20克、酱油15毫升、米酒20毫升、白胡椒粉1小匙、香油2大匙

做法

1. 将臭豆腐用开水汆烫1分钟，捞出以冷水冲凉，用手捏碎，沥干水分备用。
2. 猪肉泥放入钢盆中，加盐搅拌至有粘性。
3. 加入辣椒酱、细砂糖、酱油、米酒拌匀，最后加入臭豆腐、姜末、葱花、白胡椒粉及香油拌匀即可。
4. 将馅料包入饺子皮即可。

饺子篇 ○ 水饺 ○ 煎饺锅贴 ○ 蒸饺 ○ 炸饺 ○ 馄饨

81 酸菜猪肉锅贴

材料

猪肉泥500克、酸菜心200克、红辣椒末80克、姜末30克、葱花30克、水50毫升、饺子皮适量

调味料

盐4克、细砂糖10克、酱油15毫升、料酒20毫升、白胡椒粉1小匙、香油2大匙

做法

1. 酸菜心洗净后切小丁；热炒锅，加入2大匙色拉油（材料外），以小火爆香红辣椒末及姜末；放入酸菜丁及1大匙细砂糖（材料外），以小火炒至水分完全收干后取出放凉。
2. 猪肉泥放入钢盆中，加盐搅拌至有粘性，加入细砂糖及酱油、料酒拌匀后，将50毫升水分2次加入，一面加水一面搅拌至水分被肉吸收。
3. 加入酸菜丁、葱花、白胡椒粉及香油拌匀即成酸菜猪肉馅。
4. 将馅料包入饺子皮即可。

香蒜牛肉煎饺

茴香猪肉煎饺

82 茴香猪肉煎饺

🥘 材料

猪肉泥	300克
茴香	150克
姜	8克
葱	12克
水	50毫升
饺子皮	适量

🧂 调味料

盐	3.5克
鸡粉	4克
细砂糖	3克
酱油	10毫升
米酒	10毫升
白胡椒粉	1小匙
香油	1大匙

🍚 做法

1. 茴香洗净沥干水分后切碎末；姜、葱洗净沥干水分，切碎末，备用。
2. 备一钢盆，放入猪肉泥后加入盐，搅拌至有粘性，再加入鸡粉、细砂糖、酱油、米酒拌匀，将水分2次加入，一面加水一面搅拌至水分被肉吸收。
3. 加入做法1的所有材料、白胡椒粉及香油拌匀后即成茴香猪肉馅。
4. 将馅料包入饺子皮即可。

83 香蒜牛肉煎饺

🥘 材料

牛肉泥	200克
肥猪肉泥	100克
香菜	20克
蒜苗	50克
姜	8克
葱	12克
淀粉	15克
水	80毫升
饺子皮	适量

🧂 调味料

盐	4克
鸡粉	3克
细砂糖	3克
酱油	10毫升
米酒	10毫升
黑胡椒粉	1小匙
香油	1大匙

🍚 做法

1. 香菜、蒜苗均洗净切碎末；淀粉和水调成水淀粉，备用。
2. 牛肉泥加盐搅拌至有粘性；在水淀粉中加入鸡粉、细砂糖、酱油及米酒一起拌匀，分2次加入牛肉泥中，一面加水一面搅拌至水分被牛肉吸收。
3. 加入肥猪肉泥、香菜末、蒜苗末、黑胡椒粉及香油拌匀，即成香蒜牛肉馅。
4. 将馅料包入饺子皮即可。

84 香菜牛肉煎饺

材料

牛肉泥200克、肥猪肉泥100克、香菜50克、绿竹笋200克、姜8克、葱12克、水80毫升、淀粉15克、饺子皮适量

调味料

盐4克、鸡粉3克、细砂糖3克、酱油10毫升、米酒10毫升、黑胡椒粉1小匙、香油1大匙

做法

1. 香菜、姜、葱均洗净切碎末；绿竹笋切丝放入沸水中氽烫约3分钟，以冷开水冲凉并挤干水分；淀粉和水调匀成水淀粉，备用。
2. 牛肉泥加盐搅拌至有粘性；水淀粉加入鸡粉、细砂糖、酱油及米酒一起拌匀，分2次加入牛肉泥中，一面加水一面搅拌至水分被牛肉吸收。
3. 加入肥猪肉泥、做法1的所有材料、黑胡椒粉及香油拌匀，即成香菜牛肉馅。
4. 将馅料包入饺子皮即可。

85 荸荠羊肉锅贴

材料

羊肉泥	500克
荸荠	200克
芹菜末	50克
姜末	30克
葱花	30克
饺子皮	适量

调味料

盐	7克
细砂糖	10克
酱油	15毫升
绍兴酒	20毫升
白胡椒粉	1小匙
香油	2大匙

做法

1. 荸荠洗净后切小丁；羊肉泥放入钢盆中，加盐搅拌至有粘性。
2. 在羊肉泥中加入细砂糖、酱油、绍兴酒拌匀。
3. 加入荸荠丁、芹菜末、葱花、姜末、白胡椒粉及香油拌匀，即成荸荠羊肉馅。
4. 将馅料包入饺子皮即可。

86 XO酱鸡肉煎饺

材料

去皮鸡腿肉500克、XO酱200克、姜末20克、葱花100克、饺子皮适量

调味料

辣椒酱2大匙、细砂糖20克、料酒20毫升、白胡椒粉1小匙

做法

1. 将XO酱的油沥干,备用。
2. 去皮鸡腿肉剁成碎肉,放入钢盆中,加入辣椒酱后搅拌至有粘性。
3. 加入细砂糖及料酒拌匀,再加入XO酱、葱花、姜末、白胡椒粉拌匀即成XO酱鸡肉馅。
4. 将馅料包入饺子皮即可。

87 银芽鸡肉锅贴

材料

去皮鸡腿肉	400克
绿豆芽	300克
韭菜丁	80克
葱花	40克
姜末	20克
饺子皮	适量

调味料

盐	7克
细砂糖	10克
酱油	15毫升
料酒	20毫升
白胡椒粉	1小匙
香油	2大匙

做法

1. 绿豆芽洗净沥干切小段;将韭菜丁用开水余烫1分钟捞出,用冷水冲凉,沥干水分备用。
2. 将去皮鸡腿肉剁成碎肉,放入钢盆中,加入盐后搅拌至有粘性,再加入细砂糖及酱油、料酒拌匀。
3. 加入绿豆芽、韭菜丁、葱花、姜末、白胡椒粉及香油拌匀即成银芽鸡肉馅。
4. 将馅料包入饺子皮即可。

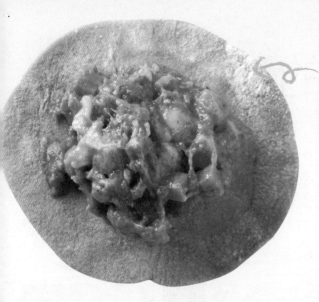

88 咖喱鸡肉煎饺

材料

土鸡腿肉300克、洋葱末200克、胡萝卜40克、姜末8克、饺子皮适量

调味料

咖喱粉2小匙、盐4克、鸡粉4克、细砂糖3克、米酒10毫升、黑胡椒粉1小匙、香油1大匙

做法

1. 胡萝卜切小丁放入沸水中汆烫至熟；鸡腿去骨后将肉剁碎，备用。
2. 起一锅，放入1大匙色拉油（材料外）加热后，放入洋葱末与咖喱粉一起以小火炒约1分钟起锅，放凉备用。
3. 鸡腿肉加盐搅拌至有粘性，再加入咖喱、胡萝卜丁、姜末及其余调味料拌匀即成咖喱鸡肉馅。
4. 将馅料包入饺子皮即可。

89 鱿鱼鲜虾煎饺

材料

猪肉泥100克、鲜鱿鱼100克、虾仁100克、姜15克、葱20克、饺子皮适量

调味料

盐3.5克、鸡粉4克、细砂糖3克、酱油10毫升、米酒15毫升、白胡椒粉1小匙、香油1大匙

做法

1. 鲜鱿鱼、虾仁洗净沥干水分后切丁；姜、葱洗净切碎末，备用。
2. 将猪肉泥、鱿鱼丁、虾仁丁混合后，加盐搅拌至有粘性，再加入鸡粉、细砂糖、酱油、米酒、姜末、葱末、白胡椒粉及香油拌匀即成鱿鱼鲜虾馅。
4. 将馅料包入饺子皮即可。

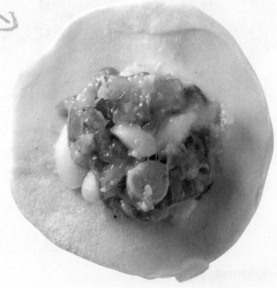

90 香椿素菜馅煎饺

材料

圆白菜500克、胡萝卜末50克、市售香椿酱2大匙、姜末20克

调味料

盐1/2小匙、细砂糖1小匙、白胡椒粉1/2小匙、香油2大匙

做法

1. 圆白菜切成约1厘米见方的小片，加入1小匙盐（分量外）搓揉均匀后，放置20分钟脱水，再用清水洗去盐分，将水挤干备用。
2. 将圆白菜片、胡萝卜末、姜末放入盆中，再加入香椿酱、香油拌匀，最后再加入盐、细砂糖及白胡椒粉拌匀即成香椿素菜馅。
3. 将馅料包入饺子皮即可。

制作蒸饺的**技巧**

美味小秘诀 Tips

　　蒸饺皮和蒸饺馅的分量比例一般为1:2，例如每张蒸饺皮重10克，每份馅料的重量约为20克。可依个人的喜好略微调整。

①　将拌好的馅料舀20克放到蒸饺面皮上，再将面皮一端往内轻压成凹状后，将凹状的地方捏合。

②　待凹状捏合后，将左边的面皮捏摺进来后，再把右边的面皮捏摺进来。

③　重复做法2的动作，并且往另一端捏合。

④　待捏至面皮的最前面时，将前面尖端的部分捏合起来，即完成叶子形的饺子包法。

虾饺形蒸饺的包法

美味小秘诀 Tips

　　蒸饺皮和蒸饺馅的分量比例一般为1:2，例如每张蒸饺皮重10克，每份馅料的重量约为20克。可依个人的喜好略微调整。

  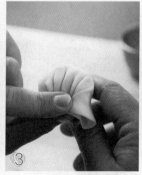 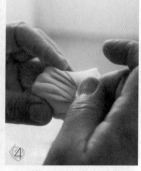

①　将拌好的馅料舀约20克放到蒸饺皮上，将饺子皮对折，左端以手指轻轻捏合。

②　右手食指将一边的饺子皮推出褶子，再以左手食指轻压固定。

③　持续用步骤2的手法，由左端折花至右端。

④　将上下饺皮以食指和中指捏合封口，使馅料处呈饱满状即可。

怎么做**蒸饺**最好吃?

蒸饺皮

技巧1 擀皮时,每一次推出、擀回绝对不能超过面皮的中心点,这样擀出的饺皮才会又圆又均匀,才能包出漂亮的饺形。

技巧2 皮和馅的最佳分量比例为1:2,馅料太多不易包成漂亮的形状,蒸时也容易爆开。

技巧3 待锅中的水完全滚沸,才可放上蒸笼,大火蒸约6分钟至表皮膨胀即可熄火。

技巧4 蒸好时可立即在表面抹上少许香油,可避免饺皮快速变干变硬。

蒸饺馅

技巧1 水分多的食材要先依特性做脱水处理,才不会做出软糊糊的馅料。

技巧2 不易熟的食材应先蒸熟或炸熟,蒸好后内馅就不会半生不熟。

技巧3 油脂含量少的鸡肉和海鲜馅,可加入少许猪肉泥混合,使馅料口感滑嫩不干涩。

技巧4 肉泥类的馅料一定要先加少许盐,搅拌至有弹性,再分两次加入少许水拌至水分完全吸收,馅料才会爽滑多汁。

技巧5 腥味重的肉类和海鲜馅,可加姜和少许米酒或料酒去腥。

怎么**蒸**饺子?

蒸笼中放入蒸笼纸,再放上饺子。

待锅内的水滚沸了,才可放上蒸笼。

盖上蒸笼盖,蒸约6分钟。

蒸至饺子外观呈膨胀状态,即可食用。

饺子篇 · 水饺 · 煎饺锅贴 · 蒸饺 · 炸饺 · 馄饨

91 猪肉蒸饺

🥟 材料

温水面团500克（做法请见P103）、猪肉泥300克、姜末8克、葱花12克、韭菜150克

🧂 调味料

盐3.5克、鸡粉4克、细砂糖3克、酱油10毫升、料酒10毫升、水50毫升、白胡椒粉1小匙、香油1大匙

🍲 做法

1. 韭菜洗净沥干后切碎，备用。
2. 温水面团搓成长条，分割为10克的小面团，撒上少许面粉后以手掌轻压成圆扁状，然后以擀面棍擀成面皮，擀完所有小面团，备用。
3. 猪肉泥放入钢盆中，加盐搅拌至有粘性，再加入鸡粉、细砂糖、酱油以及料酒拌匀，将50毫升的水分2次加入，一面加水一面搅拌至水分被猪肉泥吸收。
4. 加入葱花、姜末、白胡椒粉以及香油拌匀，再加入韭菜碎拌匀即为内馅；取擀好的面皮包入约25克内馅，包成蒸饺形状后放入蒸笼，以大火蒸约5分钟即可。

92 上海青猪肉蒸饺

🥟 材料

猪肉泥	300克	盐	3.5克	

猪肉泥··········300克
姜··················8克
葱················12克
上海青··········200克
水··············50毫升
饺子皮············适量

🧂 调味料

盐······················3.5克
鸡粉························3克
细砂糖····················3克
酱油··················10毫升
米酒··················10毫升
白胡椒粉··········1/2小匙
香油····················1大匙

🍲 做法

1. 上海青氽烫约1分钟，冲凉挤干后切碎；姜洗净切末；葱洗净切碎，备用。
2. 猪肉泥放入盆中，加盐搅拌至有粘性，再加入鸡粉、细砂糖及酱油、米酒拌匀后，将50毫升水分两次加入，一面加水一面搅拌，至水分被肉吸收为止，最后加入上海青末、葱碎、姜末、白胡椒粉及香油拌匀即成馅料。
3. 将馅料包入饺子皮即可。

93 芋头猪肉蒸饺

材料

猪肉泥	500克
芋头	400克
榨菜	200克
水	50毫升
葱花	30克
姜末	30克
饺子皮	适量

调味料

盐	8克
细砂糖	12克
酱油	15毫升
料酒	20毫升
白胡椒粉	1小匙
香油	2大匙

做法

1. 芋头洗净沥干水分，刨丝备用。
2. 猪肉泥放入钢盆中，加盐搅拌至有粘性，继续加入细砂糖、酱油及料酒拌匀后，将50毫升水分2次加入，一面加水一面搅拌至水分被肉吸收。
3. 加入芋头丝、葱花、姜末、白胡椒粉及香油拌匀即成芋头猪肉馅。
4. 将馅料包入饺子皮即可。

94 榨菜猪肉蒸饺

材料

猪肉泥500克、榨菜200克、水50毫升、红辣椒末80克、葱花30克、姜末30克、饺子皮适量

调味料

盐4克、细砂糖10克、酱油15毫升、绍兴酒20毫升、白胡椒粉1小匙、香油2大匙

做法

1. 榨菜切碎后洗净沥干水分备用。
2. 猪肉泥放入钢盆中，加入盐后搅拌至有粘性，加入细砂糖、酱油、绍兴酒拌匀后，将50毫升水分2次加入，一面加水一面搅拌至水分被肉吸收。
3. 续加入做法1的榨菜末、红辣椒末、葱花、姜末、白胡椒粉及香油拌匀即成榨菜猪肉馅。
4. 将馅料包入饺子皮即可。

95 海菜猪肉蒸饺

材料

猪肉泥500克、鲜海菜300克、水50毫升、葱花30克、姜末30克、饺子皮适量

调味料

盐6克、细砂糖10克、酱油15毫升、绍兴酒20毫升、白胡椒粉1小匙、香油2大匙

做法

1. 鲜海菜洗净后沥干水分备用。
2. 猪肉泥放入钢盆中，加盐搅拌至有粘性，加入细砂糖、酱油、料酒拌匀后，将50毫升水分2次加入，一面加水一面搅拌至水分被肉吸收。
3. 加入鲜海菜、葱花、姜末、白胡椒粉及香油拌匀即成海菜猪肉馅。
4. 将馅料包入饺子皮即可。

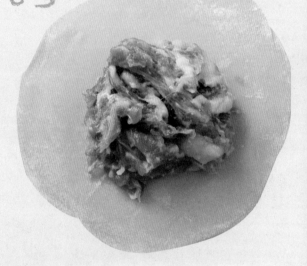

96 韭菜粉条蒸饺

材料

韭菜150克、豆干100克、粉条50克、虾皮8克、葱花20克、饺子皮适量

调味料

盐5克、细砂糖10克、白胡椒粉1小匙、香油2大匙

做法

1. 粉条泡水约20分钟至涨发后切小段；豆干切小丁；韭菜洗净沥干切末备用。
2. 热锅，以小火爆香葱花、豆干丁及虾皮后取出放凉，加入粉条段及韭菜末拌匀。
3. 加入所有调味料拌匀即成韭菜粉条馅。
4. 将馅料包入饺子皮即可。

97 辣椒猪肉蒸饺

🥟 材料
猪肉泥 ……………300克
红辣椒 ……………60克
青辣椒 ……………60克
姜 …………………8克
葱 …………………12克
水 ………………50毫升
饺子皮 ………… 适量

🧂 调味料
盐 …………………3.5克
鸡粉 ………………4克
细砂糖 ……………4克
酱油 ……………10毫升
米酒 ……………10毫升
香油 ……………1大匙

🍚 做法
1. 红辣椒、青辣椒去除籽切成碎末；姜与葱洗净切成细末，备用。
2. 猪肉泥加盐搅拌至有粘性，加入鸡粉、细砂糖、酱油及米酒后，一起搅拌均匀备用。
3. 将水分2次加入猪肉泥中，一面加水一面搅拌至水分被吸收，再加入做法1的所有材料与香油搅拌均匀，即成辣椒猪肉馅。
4. 将馅料包入饺子皮即可。

98 韭菜猪肉蒸饺

🥟 材料
猪肉泥 ……………300克
韭菜 ……………150克
姜 …………………8克
葱 …………………12克
水 ………………50毫升
饺子皮 ………… 适量

🧂 调味料
盐 …………………3.5克
鸡粉 ………………4克
细砂糖 ……………3克
酱油 ……………10毫升
米酒 ……………10毫升
白胡椒粉 …………1小匙
香油 ……………1大匙

🍚 做法
1. 韭菜、姜与葱分别洗净切成碎末，备用。
2. 猪肉泥加盐搅拌均匀至有粘性后，加入鸡粉、细砂糖、酱油及米酒拌匀备用。
3. 将水分2次加入猪肉泥中，一面加水一面搅拌至水分被吸收，再加入做法1的韭菜末、姜末、葱末、白胡椒粉与香油搅拌均匀，即成韭菜猪肉馅。
4. 将馅料包入饺子皮即可。

韭菜猪肉蒸饺

辣椒猪肉蒸饺

99 孜然香葱牛肉蒸饺

🥟 **材料**

牛肉泥500克、芹菜末150克、香菜末30克、葱花30克、姜末20克、饺子皮适量

🧂 **调味料**

盐6克、孜然粉1小匙、细砂糖20克、酱油15毫升、米酒20毫升、黑胡椒粉1小匙、香油2大匙

🍲 **做法**

1. 牛肉泥放入钢盆中，加入盐后搅拌至有粘性，再加入孜然粉、细砂糖、酱油、米酒拌匀。
2. 加入芹菜末、香菜末、葱花、姜末、黑胡椒粉及香油拌匀即成孜然香葱牛肉馅。
3. 将馅料包入饺子皮即可。

100 酸白菜牛肉蒸饺

🥟 **材料**

牛肉泥	500克
酸白菜	500克
水	50毫升
葱花	50克
姜末	30克
饺子皮	适量

🧂 **调味料**

盐	5克
细砂糖	15克
酱油	15毫升
料酒	20毫升
白胡椒粉	1小匙
香油	2大匙

🍲 **做法**

1. 酸白菜洗净后挤干水分，切碎备用。
2. 牛肉泥放入钢盆中，加入盐后搅拌至有粘性，续加入细砂糖、酱油及料酒拌匀后，将50毫升水分2次加入，一面加水一面搅拌至水分被肉吸收。
3. 加入酸白菜、葱花、姜末、白胡椒粉及香油拌匀即成酸白菜牛肉馅。
4. 将馅料包入饺子皮即可。

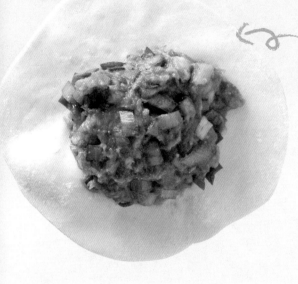

101 韭菜牛肉蒸饺

材料

牛肉泥200克、肥猪肉泥100克、韭菜150克、姜8克、葱12克、饺子皮适量

调味料

盐3克、鸡粉3克、细砂糖3克、酱油10毫升、米酒10毫升、水80毫升、淀粉5克、黑胡椒粉1小匙、香油1大匙

做法

1. 韭菜、姜、葱分别洗净并沥干水分后，切碎末，备用。
2. 牛肉泥放入盆中，加入盐搅拌至有粘性，再加入鸡粉、细砂糖、酱油及米酒拌匀备用。
3. 将水与淀粉一起拌匀后，分2次加入牛肉泥中，一面加水一面搅拌至水分被牛肉吸收后，再加入肥猪肉泥搅拌均匀。
4. 加入做法1的所有材料、黑胡椒粉及香油拌匀，即成韭菜牛肉馅。
5. 将馅料包入饺子皮即可。

102 芹菜羊肉蒸饺

材料

羊肉泥500克、芹菜末150克、水50毫升、葱花30克、姜末30克、饺子皮适量

调味料

盐6克、细砂糖10克、酱油15毫升、料酒20毫升、白胡椒粉1小匙、香油2大匙

做法

1. 羊肉泥放入钢盆中，加入盐后搅拌至有粘性。
2. 加入细砂糖、酱油、料酒拌匀后，将50毫升水分2次加入，一面加水一面搅拌至水分被肉吸收。
3. 加入芹菜末、葱花、姜末、白胡椒粉及香油拌匀即成芹菜羊肉馅。
4. 将馅料包入饺子皮即可。

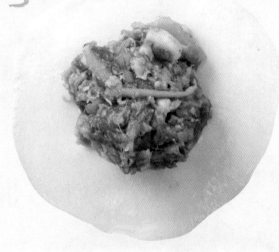

103 花瓜鸡肉蒸饺

材料

A. 花瓜丁1/4杯、鸡肉末1杯、白韭菜末1/3杯
B. 饺子皮15张

调味料

盐2小匙、糖2/3大匙、白胡椒粉1大匙、香油2/3大匙

做法

1. 将材料A与所有调味料一起搅拌均匀即成馅料。
2. 准备一个已抹上油的平盘，将适量馅料包入饺子皮中，再将包好的饺子依序排入平盘，饺子与饺子之间要留有空隙，并在饺子皮上略为喷水备用。
3. 准备一个炒菜锅，架上不锈钢蒸架，注入水至超过蒸架约1厘米，等水煮沸后，将平盘放入，加盖以大火蒸12～15分钟起锅即可。

104 木耳鸡肉蒸饺

🫚 材料

去皮鸡腿肉400克、泡发黑木耳150克、胡萝卜丁80克、葱花40克、姜末20克、饺子皮适量

🧂 调味料

盐6克、细砂糖10克、酱油15毫升、料酒20毫升、白胡椒粉1小匙、香油2大匙

🍲 做法

1. 泡发黑木耳洗净切小丁；将胡萝卜丁用开水氽烫1分钟后，冲凉且沥干水分备用。
2. 将去皮鸡腿肉剁碎，放入钢盆中，加入盐后搅拌至有粘性，继续加入细砂糖及酱油、料酒拌匀。
3. 加入黑木耳丁、胡萝卜丁、葱花、姜末、白胡椒粉及香油拌匀即成木耳鸡肉馅。
4. 将馅料包入饺子皮即可。

105 腊味鸡肉蒸饺

🫚 材料

去皮鸡腿肉	500克
腊肠	100克
葱花	40克
香菜末	30克
姜末	20克
饺子皮	适量

🧂 调味料

盐	4克
细砂糖	10克
酱油	15毫升
料酒	20毫升
白胡椒粉	1小匙
香油	2大匙

🍲 做法

1. 将腊肠放入电锅，外锅加半杯水，蒸至跳起后取出放凉，切小丁备用。
2. 将去皮鸡腿肉剁碎，放入钢盆中，加入盐后搅拌至有粘性，继续加入细砂糖、酱油、料酒拌匀。
3. 加入腊肠丁、葱花、香菜末、姜末、白胡椒粉及香油拌匀即成腊味鸡肉馅。
4. 将馅料包入饺子皮即可。

106 韭黄猪肉虾仁蒸饺

材料

猪肉泥300克、韭黄300克、虾仁200克、葱花40克、姜末20克、饺子皮适量

调味料

盐7克、细砂糖12克、米酒20毫升、白胡椒粉1小匙、香油2大匙

做法

1. 韭黄洗净沥干后切末；虾仁洗净后用厨房纸巾或布擦干水分，用刀切小粒。
2. 虾仁及猪肉泥放入钢盆中，加盐后搅拌至有粘性，再加入细砂糖及米酒拌匀。
3. 加入韭黄末、葱花、姜末、白胡椒粉及香油拌匀即成韭黄猪肉馅。
4. 将馅料包入饺子皮即可。

107 虾仁豆腐蒸饺

材料

虾仁	400克
老豆腐	200克
葱花	50克
姜末	30克
饺子皮	适量

调味料

盐	6克
细砂糖	10克
淀粉	10克
白胡椒粉	1小匙
香油	2大匙

做法

1. 虾仁洗净后用厨房纸巾吸干水分，切小丁；烧一锅水，将老豆腐下锅汆烫1分钟后，沥干放凉抓碎，备用。
2. 将虾仁放入钢盆中，加盐搅拌至有粘性，再加入细砂糖及老豆腐拌匀。
3. 加入葱花、姜末、淀粉、白胡椒粉及香油拌匀即成虾仁豆腐馅。
4. 将馅料包入饺子皮即可。

85

108 鲜干贝猪肉蒸饺

材料

猪肉泥··········400克
鲜干贝··········200克
葱花·············50克
姜末·············30克
饺子皮············适量

调味料

盐···············5克
细砂糖············10克
米酒············20毫升
白胡椒粉·········1小匙
香油············2大匙

做法

1. 鲜干贝洗净后用厨房纸巾或布擦干水分。
2. 猪肉泥放入钢盆中，加盐后搅拌至有粘性，加入细砂糖及米酒拌匀。
3. 加入葱花、姜末、白胡椒粉及香油拌匀，要包时再加入鲜干贝即成鲜干贝猪肉馅。
4. 将馅料包入饺子皮即可。

109 牡蛎猪肉蒸饺

材料

猪肉泥··········300克
牡蛎············200克
姜···············12克
葱···············40克
澄粉皮············适量
（澄粉皮做法请见P33）

调味料

盐···············4克
鸡粉·············4克
细砂糖············3克
酱油············10毫升
米酒············10毫升
白胡椒粉·········1小匙
香油············1大匙

做法

1. 牡蛎洗净沥干水分；姜、葱洗净切碎末，备用。
2. 猪肉泥加盐搅拌至有粘性，加入鸡粉、细砂糖、酱油、米酒搅拌均匀后，再加入做法1的所有材料及白胡椒粉、香油拌匀，即成牡蛎猪肉馅。
3. 将馅料包入澄粉皮即可。

110 甜椒猪肉蒸饺

🥟 材料

猪肉泥300克、青椒80克、红甜椒80克、姜8克、水50毫升、饺子皮适量

🧂 调味料

盐3.5克、鸡粉4克、细砂糖3克、酱油10毫升、米酒10毫升、白胡椒粉1小匙、香油1大匙

🍚 做法

1. 青椒、红甜椒洗净去籽；姜洗净切碎末，备用。
2. 将青椒、红甜椒放入沸水中汆烫约30秒，捞起以冷开水冲凉并沥干水分切丁，备用。
3. 猪肉泥中加盐搅拌至有粘性，加入鸡粉、细砂糖、酱油及米酒拌匀后，将水分2次加入，一面加水一面搅拌至水分被肉吸收。
4. 加入姜末、白胡椒粉及香油拌匀后，加入做法2的材料一起拌匀即成甜椒猪肉馅。
5. 将馅料包入饺子皮即可。

111 玉米豌豆蒸饺

🥟 材料

猪肉泥300克、豌豆60克、罐头玉米粒80克、胡萝卜丁50克、姜8克、葱12克、水50毫升、饺子皮适量

🧂 调味料

盐3.5克、鸡粉4克、细砂糖3克、酱油10毫升、米酒10毫升、白胡椒粉1小匙、香油1大匙

🍚 做法

1. 姜、葱洗净切碎末备用。
2. 猪肉泥加盐搅拌至有粘性，再加入鸡粉、细砂糖、酱油及米酒拌匀后，将水分2次加入，一面加水一面搅拌至水分被肉吸收。
3. 加入豌豆、玉米粒、胡萝卜丁、做法1的材料及白胡椒粉、香油拌匀即成玉米豌豆猪肉馅。
4. 于每张饺子皮中，放入适量肉馅，以馅料为中心点先提起一边的面皮与另一边面皮捏拢。
5. 再提起另一边的面皮，与其他两边的面皮沿着外沿捏出三角形即可。

87

制作炸饺的技巧

花边形炸饺的包法

美味小秘诀 Tips

炸饺皮和炸饺馅的分量比例一般为2:3，例如每张炸饺皮重10克，每份馅料的重量约为15克。可依个人的喜好略微调整。

   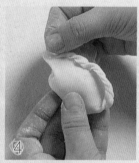

① 手掌呈弯形放上饺子皮，并放入适量的馅料。

② 饺子皮对折并用食指将两侧往内压。

③ 将饺子皮4个角稍微捏紧封口。

④ 以右手拇指及食指捏住右顶端，将变薄的外缘向下按捏成花边纹路，不断重复按捏从右直至左端底处即完成。

波浪形炸饺的包法

美味小秘诀 Tips

包饺子时，沾水是为了增加饺子皮的黏性，沾水宽度在1厘米为最佳，若水沾太少则不容易黏合。

 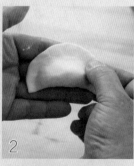  

① 将拌好的馅料舀约15克放到饺皮上，在半边饺子皮边缘1厘米抹水。

② 饺子皮对折，上下饺皮紧密捏合。

③ 左手捏住左端，右手大拇指和食指并用，将边缘推成扇形摺子。

④ 左右手用力将扇形摺子压紧，即成波浪形炸饺。

怎么**做炸饺**最好吃？

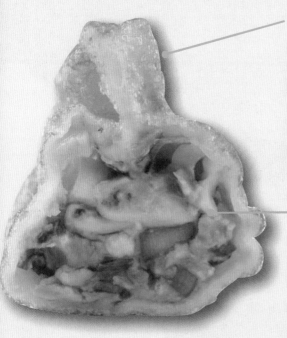

炸饺皮

技巧1　擀皮时，一定要擀成中间厚、边缘薄，这样饺子封口处就不会太厚，包馅的地方也不容易破皮。

技巧2　皮和馅的最佳分量比例为2:3，这样做出来的炸饺才会皮薄馅丰。

技巧3　如果饺子有破皮，下锅前可先沾一些干的淀粉再入锅炸，可保持形状完好。

技巧4　锅中热油要足以淹过饺子，油温达160℃时才下锅，这样炸起来的皮才会酥松。

炸饺馅

技巧1　水分多的食材要先依特性做脱水处理，才不会做出软糊糊的馅料。

技巧2　高温油炸外皮熟得速度快，不易熟的食材应先蒸熟或炸熟，以免外皮焦黄而内馅未熟。

技巧3　油炸时先开小火让饺子略浸泡一下，再转中火炸，内馅较容易熟透，又不会提早把外皮炸焦。

怎么**炸饺子**？

锅中加入油，烧热至约160℃。

将生水饺放入油锅中，开中火随时翻动，就能让饺子上色均匀，且不焦底。

炸至水饺外观呈金黄色，即可关火捞起沥油。

112 豆沙酥饺

 材料

发酵面团········· 200克
（做法请见P105）
无盐奶油·········· 10克
豆沙··············· 200克

 做法

1. 将无盐奶油加入发酵面团中揉至均匀。
2. 将面团分成每个重20克的小面团后擀开成圆形面皮。
3. 在每张面皮下包入10克豆沙后捏成花饺形。
4. 热一锅油，烧至油温约160℃后将花饺内入油锅，以小火炸，待花饺浮起后开中火炸至表皮略呈金黄色即可。

113 甜菜鸡肉炸饺

材料

去皮鸡腿肉	400克
甜菜根	300克
葱花	40克
姜末	20克
饺子皮	适量

调味料

盐	6克
细砂糖	10克
酱油	15毫升
料酒	20毫升
淀粉	2大匙
白胡椒粉	1小匙
香油	2大匙

做法

1. 甜菜根洗净去皮刨丝，沥干水分备用。
2. 去皮鸡腿肉剁碎，放入钢盆中，加入盐后搅拌至有粘性，再加入细砂糖及酱油、料酒拌匀。
3. 加入甜菜根丝、葱花、姜末、淀粉、白胡椒粉及香油拌匀即成甜菜鸡肉馅。
4. 将馅料包入饺子皮即可。

114 地瓜肉末炸饺

材料

地瓜	400克
猪肉泥	200克
红葱头末	30克
蒜末	30克
色拉油	2大匙
葱花	60克
饺子皮	适量

调味料

A. 盐	2克
细砂糖	5克
白胡椒粉	1/2小匙
B. 盐	5克
白胡椒粉	1/2小匙
香油	2大匙

做法

1. 地瓜去皮后切厚片，盛盘放入电锅，外锅加1杯水，蒸约20分钟后取出，压成泥。
2. 热锅，放入2大匙色拉油，以小火炒香红葱头及蒜末后，放入猪肉泥炒散，加入调味料A，小火炒至水分收干后取出放凉。
3. 将地瓜泥放入盆中，加入调味料B拌匀，再将做法2的材料及葱花加入其中拌匀即成地瓜肉末馅。
4. 将馅料包入饺子皮即可。

115 培根土豆炸饺

🍢 材料

土豆500克、培根200克、蒜末30克、色拉油3大匙、巴西里末60克、饺子皮适量

🧂 调味料

盐5克、白胡椒粉1/2小匙、细砂糖12克

🍚 做法

1. 土豆去皮后切厚片，盛盘放入电锅，外锅加1杯水，蒸约20分钟后取出，压成泥备用；培根切小丁，备用。
2. 热锅，放入3大匙色拉油，将培根丁和蒜末以小火炒香后取出放凉。
3. 将炒好的培根加入薯泥中，再加入巴西里末及所有调味料拌匀即成培根土豆馅。
4. 将馅料包入饺子皮即可。

116 抹茶奶酪炸饺

🍢 材料

市售抹茶豆沙馅300克、奶酪片150克、饺子皮适量

🍚 做法

1. 将奶酪片切成约5克重的小块。
2. 取10克左右的抹茶豆沙馅，再加入奶酪块，最后用饺子皮包成饺形。
3. 热锅，加入半锅油烧至油温约160℃，将包好的饺子放入油锅中，开中火随时翻动，使饺子上色均匀。
4. 待饺子炸至外观呈金黄色时关火，捞起沥油即可。

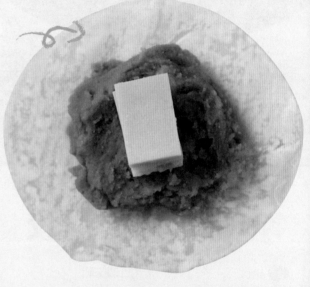

117 韭菜牡蛎炸饺

🍢 材料

猪肉泥300克、牡蛎300克、韭菜100克、葱花30克、姜末20克、饺子皮适量

🧂 调味料

盐4克、细砂糖10克、酱油15毫升、米酒20毫升、白胡椒粉1小匙、香油2大匙

🍚 做法

1. 韭菜洗净后切碎；牡蛎洗净后沥干水分，备用。
2. 猪肉泥放入钢盆中，加盐后搅拌至有粘性，再加入细砂糖及酱油、米酒拌匀。
3. 加入韭菜末、葱花、姜末、白胡椒粉及香油拌匀，包时再加入牡蛎即成韭菜牡蛎馅。
4. 将馅料包入饺子皮即可。

118 椰子毛豆炸饺

🍅 材料

毛豆……………2大匙
椰子粉……………1杯
鸡蛋……………1个
饺子皮…………适量

🧂 调味料

糖……………1.5大匙
面粉…………1/2大匙

🍚 做法

1. 将毛豆氽烫后捞起沥干备用。
2. 取一容器,将椰子粉、鸡蛋打入稍加搅拌后,将熟毛豆及调味料一起放入搅拌均匀即成椰子毛豆馅。
3. 取饺子皮,每张放入适量馅料包好。
4. 热锅,加入半锅油烧至油温约160℃,将包好的饺子放入油锅中,开中火随时翻动,使饺子上色均匀。
5. 待饺子炸至外观呈金黄色时关火,捞起沥油即可。

119 综合海鲜炸饺

🍅 材料

A. 猪肉泥………50克
蛤蜊肉………1/3杯
鱼肉丁………1/2杯
虾肉丁………1/3杯
姜末…………1大匙
葱花…………3大匙
B. 饺子皮………15张

🧂 调味料

白胡椒粉………1大匙
淀粉……………2大匙
面粉…………1/2大匙

🍚 做法

1. 将材料A与所有调味料一起放入容器中搅拌均匀制成综合海鲜馅备用。
2. 将馅料包入饺子皮中成为饺子,并整齐排放至已涂抹油的平盘中。
3. 热锅,加入半锅油烧至油温约160℃,将包好的饺子放入油锅中,开中火随时翻动,使饺子上色均匀。
4. 炸至饺子外观呈金黄色时关火,捞起沥油即可。

制作馄饨的技巧

皱纱馄饨包法

美味小秘诀Tips

每个皱纱馄饨馅料的重量约为5克。

   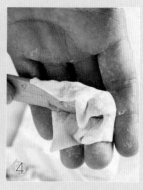

将馄饨肉馅约5克舀至面皮中,并将肉馅抹平。

使用馅舀将面皮其中一边的一角摺进后,再摺起另一角。

再依做法2的方式摺起另一边的面皮呈四方形。

用馅舀压住做法3中间点的封口后,将馄饨包起即成皱纱馄饨。

港式云吞包法

美味小秘诀Tips

每个港式云吞馅料的重量约为20克。

   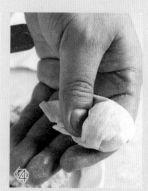

将馄饨面皮放置在手上呈凹状,将馅料约20克舀入面皮中间。

用馅舀压住馅料,将握着面皮的手微微往内握紧。

待面皮握紧完全包覆住馅舀后,将馅舀抽出,但小心别让馅料随着馅舀抽出。

将封口的地方捏住固定即可。

温州大馄饨包法

美味小秘诀 Tips

每个温州大馄饨馅料的重量约为16克。

① 将馅料约16克放入馄饨面皮的中间后，将面皮对折。

② 再将馄饨卷成长条状。

③ 用食指轻压住馄饨中间，将两端往内卷在一起。

④ 再将馄饨的两端捏合即完成。

怎么做馄饨最好吃?

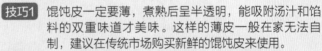

馄饨皮

技巧1 馄饨皮一定要薄，煮熟后呈半透明，能吸附汤汁和馅料的双重味道才美味。这样的薄皮一般在家无法自制，建议在传统市场购买新鲜的馄饨皮来使用。

技巧2 馄饨皮比较薄，所以下锅煮前一定要将水完全煮开后，再将馄饨下锅，并且以小火煮约3分钟就立刻捞起，以免馄饨皮因久煮而破掉。

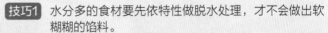

馄饨馅

技巧1 水分多的食材要先依特性做脱水处理，才不会做出软糊糊的馅料。

技巧2 肉泥类的馅料一定要先加少许盐，搅拌至有弹性，再分两次加入少许水拌至水分完全吸收，馅料才会爽滑多汁。

技巧3 腥味重的肉类和海鲜馅，可加姜和少许米酒或料酒去腥。

技巧4 每种馄饨的包法不大一样，所以馅料的分量也要跟着变动，以免出来皮破馅露，让馅料的美味原汁流失掉，变得淡而无味。

120 红油抄手

材料

A. 猪肉泥300克、姜8克、葱12克、馄饨皮适量
B. 葱花5克

调味料

A. 盐3.5克、鸡粉3克、细砂糖3克、水20毫升、白胡椒粉1/2小匙、香油1大匙
B. 酱油2小匙、蚝油1小匙、白醋1小匙、细砂糖1.5小匙、辣椒油2大匙、花椒粉少许（约1/10小匙）、凉开水2小匙

做法

1. 姜、葱洗净切碎末备用。
2. 猪肉泥加盐搅拌至有粘性后，加入鸡粉、细砂糖拌匀，再加入水，继续搅拌至水分被肉吸收后，加入做法1的材料、白胡椒粉及香油拌匀即成肉馅。
3. 于每张馄饨面皮的1/3处放入约5克肉馅。
4. 将馄饨面皮摺起一角，并包住馅料，再将包覆住的馅料卷起。
5. 在面皮的两边沾些水轻压后，再将两边的面皮的角交叉包起即成馄饨。
6. 热一锅水沸腾后，放入馄饨，以小火煮约3分钟后即捞起装碗，备用。
7. 将所有调味料B放入碗中拌匀，调成酱汁淋在馄饨上，再撒上材料B的葱花即可。

121 港式鲜虾馄饨

🍠 材料

A. 葱末20克、姜末10克、草虾仁150克、扁鱼干5克、猪肉泥150克、馄饨皮适量

B. 上海青20克、葱花5克、高汤400毫升

🧂 调味料

A. 盐3.5克、鸡粉3克、细砂糖3克、淀粉5克、白胡椒粉1/2小匙、香油1小匙

B. 盐1/2小匙、鸡粉1/2小匙、白胡椒粉1/8小匙、香油1/8小匙

🍲 做法

1. 虾仁洗净沥干水分；扁鱼干放入烤箱中以200℃的温度烤约3分钟至有香味后取出碾碎，备用。

2. 将猪肉泥与做法1的虾仁混合，加入盐后搅拌并摔打至有粘性，再加入调味料A的鸡粉、细砂糖及扁鱼碎拌匀，最后加入20毫升水（材料外），并一边加水一边搅拌至水分被肉完全吸收。

3. 加入调味料A的淀粉、白胡椒粉、香油及材料A的姜末、葱末拌匀即成鲜虾云吞内馅。

4. 于每张馄饨皮中，放入内馅约20克，包成港式馄饨备用。

5. 起一锅水，将馄饨放入锅中以小火煮约3分钟后，捞起并沥干水分；将上海青氽烫略熟后捞起并沥干水分，备用。

6. 将材料B的高汤煮至沸腾后，加入所有的调味料B一起拌匀后装入碗中，再将馄饨及上海青放入碗中，最后撒上材料B的葱花即可。

122 墨鱼猪肉馄饨

🫕 材料

猪肉泥……………150克
墨鱼肉……………150克
葱…………………30克
姜…………………20克
馄饨皮……………适量

🧂 调味料

盐…………………3克
细砂糖……………3克
淀粉………………5克
白胡椒粉………1/2小匙
香油………………1小匙

🍚 做法

1. 姜洗净切末；葱洗净切葱花；墨鱼肉洗净后沥干水分，剁碎备用。
2. 将墨鱼肉与猪肉泥一起放入钢盆中，加盐后搅拌摔打至有粘性。
3. 加入细砂糖拌匀后，再加入淀粉、葱花、姜末、白胡椒粉及香油拌匀即成墨鱼猪肉内馅。
4. 将馅料包入馄饨皮即可。

123 韭黄鱼肉馄饨

🫕 材料

旗鱼肉……………300克
韭黄………………200克
肥猪肉泥…………100克
葱…………………20克
姜…………………10克
馄饨皮……………适量

🧂 调味料

盐…………………6克
细砂糖……………10克
淀粉………………10克
白胡椒粉………1/2小匙
香油………………1小匙

🍚 做法

1. 葱洗净切葱花；姜洗净切末；韭黄洗净沥干切小粒，备用。
2. 将旗鱼肉绞碎或剁碎，放入钢盆中，加盐后搅拌摔打至有粘性，再加入细砂糖拌匀。
3. 加入肥猪肉泥、淀粉、葱花、姜末、白胡椒粉及香油拌匀，包馄饨前再加入韭黄拌匀即成韭黄鱼肉馅。
4. 将馅料包入馄饨皮即可。

124 炸馄饨

 材料

A. 姜8克、葱12克、猪肉泥300克、水20毫升、馄饨皮适量
B. 色拉油400毫升

 调味料

盐3.5克、鸡粉3克、细砂糖3克、白胡椒粉1/2小匙、香油1大匙

做法

1. 姜、葱洗净切碎末备用。
2. 猪肉加盐搅拌至有粘性后，加入鸡粉、细砂糖一起拌匀，再加入水，并一面加水一面搅拌至水分被肉吸收。
3. 加入做法1的材料、白胡椒粉及香油拌匀后即成馄饨肉馅。
4. 于每张馄饨面皮的1/3处放入约5克馅料。
5. 将面皮摺起一角，包住馅料，再将包覆住的馅料卷起，在两边沾上些水轻压，最后将两边的面皮的角交叉包起即成馄饨。
6. 热一锅，倒入400毫升色拉油烧热至油温约120℃时，将馄饨放入油锅中，以中火油炸约2分钟至呈金黄色，捞起并沥干油即可。

面饼篇

简单制作美味又能吃得饱足的葱油饼、葱抓饼、蛋饼、烧饼、萝卜丝饼。

认识常用基础面团

1.温水面团

温水面团是使用65~75℃的温水制作而成,面粉中的淀粉因为热而"糊化",所制作出来的面团吸水量较高,比冷水面团具有较多的水分含量,口感也比冷水面团软,可制作葱抓饼、蒸饺、荷叶饼等。

2.冷水面团

冷水面团、温水面团、沸水面团,这三种面团都是同样的制作原理,只是运用不同的水温,创造出面团不同的软硬度口感。可制作水饺、刀切面、猫耳朵、油撒子、豆沙酥饺等。

3.发酵面团

发酵面团简单来说,就是添加了酵母粉来帮助发酵的面团,透过酵母的发酵作用,使面团变得膨松有弹性,可制作原味馒头、豆沙包、螺丝卷、寿桃、腊肠餐包等。

4.沸水面团

沸水面团与温水面团通称为"烫面面团",此二种面团制作方法相似,都是以热水添加在面团中,只是沸水面团水温更高,需超过90℃以上。此种面团吸水量更高,所以口感比温水面团更软,可制作烧卖等。

5.老面面团

老面面团的制作关键就是要培养"面种",也就是"老面"。面种的原理是由发酵面团演变而来,发酵面团继续发酵约3天变成面种,再添加在新面团中成为特殊的风味,可制作花卷、烙大饼等。

6.油酥面团

制作油酥面团的力道十分重要,制作时动作要用"按压"的方式,而不是"揉"的方式,要放轻且力道必须平均,才能做出既好看又美味的油酥皮。可制作核桃酥、菊花酥、百合酥等。

7.膨松面团

膨松面团是利用添加化学药剂所达到膨松效果的面团,运用不同的药剂,可变化出不同的成品,常见的药剂添加物有小苏打、泡打粉、阿摩尼亚(氨粉)、明矾等。可制作开口笑、油条、窝窝头等。

学做**基础面团**

温水面团、冷水面团和发酵面团，是用途最广的三种基础面团，材料简单又好学，可以用来制作我们最常吃的面饼、饺子、包子、馒头、面条等，快来动手做做看吧！

温水面团 DIY

材料

中筋面粉……… 600克
温水（约65℃）350毫升
盐 ………………… 6克

做法

美味秘诀

1. 做温水面团时，水温不能过热，温度不宜过高，否则会将面筋烫熟，不好操作，面团也会失去弹性。
2. 温水面团拌匀后放凉再揉，较容易出筋、好操作。
3. 要让温水面团吃起来的口感好，醒发时间一定要够，约醒1小时。

1

将面粉及盐置于盆中。

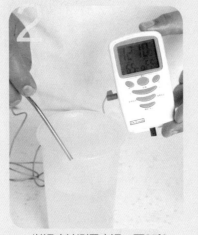

2

以温度计测量水温，至65℃。

3

将65℃的温水冲入盆中，并用擀面棍拌匀。

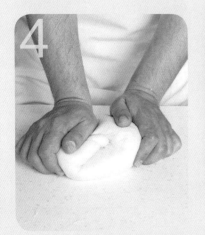

4

用双手将做法3揉约3分钟至均匀。

5

用干净的湿毛巾或保鲜膜盖好，以防表皮干硬，静置放凉醒约1小时。

6

再将醒过的面团揉约3分钟至表面光滑即可。

冷水面团 DIY

🥚 材料

中筋面粉········ 300克
细盐·················3克
水 ·············· 150毫升

🍚 做法

将面粉中间拨开。

将盐加入面粉中间。

将水慢慢倒入并拌匀。

用双手揉约3分钟至均匀。

用干净的湿毛巾或保鲜膜盖好以防表皮干硬，静置醒约30分钟。

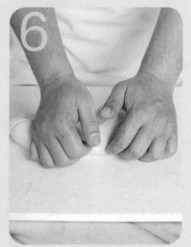

将醒过的面团揉至表面光滑即可。

发酵面团 DIY

材料

中筋面粉········ 600克
细砂糖··········· 50克
酵母············· 6克
水··············· 300毫升

美味秘诀

1. 发酵的时间不要太长，不宜超过1小时，否则面团容易发酸。
2. 包裹馅料前要将多余的空气揉出，成品会较有弹性、外观比较好看、口感佳，也比较不容易有发酸的情形产生。
3. 成品在料理前建议再稍微静置5分钟，口感和外观都会比较好。

做法

将中筋面粉及细砂糖置于盆中。

将酵母加入面粉中间处。

将水慢慢倒入，并用手拌匀。

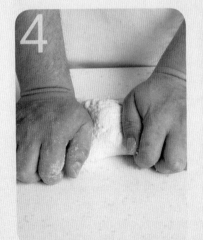

用双手揉约5分钟至面团均匀。

用干净的湿毛巾或保鲜膜盖好以防表皮干硬，静置发酵约30分钟。

将发酵过的面团揉至表面光滑即可。

125 宜兰葱饼

材料

温水面团········950克
（做法请见P103）
葱花············300克

调味料

A. 色拉油·······2大匙
白胡椒粉·····1小匙
细盐··········1小匙
B. 细盐···········适量
色拉油········适量

做法

1. 将葱花加入调味料A的色拉油、细盐及白胡椒粉拌匀，备用。
2. 将温水面团揉至表面光滑，再将面团分成6份，各擀成厚约0.2厘米的圆形，表面涂上少许调味料B中的色拉油及细盐。
3. 铺上腌过的葱花，卷成圆筒状后盘成厚圆形，静置醒约10分钟即成葱饼。
4. 平底锅加热，倒入约2大匙色拉油，放入葱饼，以小火将两面煎至表面金黄即可。

126 葱抓饼

 材料

温水面团……… 980克
（做法请见P103）
葱花……………50克

调味料

猪油……………100克
细盐……………10克

做法

1. 将温水面团揉至表面光滑，分成10等份，各擀成厚约0.2厘米的圆形，表面涂上猪油后撒上细盐及葱花，再卷成圆筒状后盘成圆形，静置10分钟，最后将醒过的饼压扁后擀开成圆形。

2. 平底锅加热，倒入约1大匙色拉油，放入做好的饼，以小火将两面煎至金黄酥脆，再用煎铲拍松即可。

美味秘诀

做好的葱抓饼不要立刻下锅煎，建议盖上保鲜膜再醒1~2小时，醒过后再煎，这样葱抓饼会更松软、口感更好。

127 豆沙饼

 材料

温水面团400克（做法见P103）、市售红豆沙400克

 做法

1. 将面团搓成长条，切成每个约40克的面球。
2. 在面球撒上面粉，用擀面棍擀成直径9~10厘米的圆形面皮。
3. 取约40克的红豆沙，包入面皮中，再擀成圆饼形。
4. 取平底锅加热，加入约1大匙色拉油（材料外），放入做好的饼，以小火将两面煎至金黄即可。

128 炸蛋葱油饼

 材料

温水面团……980克
（做法请见P103）
葱花……50克

调味料

猪油……100克
细盐……10克
鸡蛋……10个

做法

1. 将温水面团揉至表面光滑，再等分成10份，并分别擀成厚约0.2厘米的圆形，表面涂上猪油后再撒上细盐及葱花，最后卷成圆筒状后盘成圆形，静置10分钟。
2. 将做好的饼压扁后擀开成圆形；取一平底锅，倒入约200毫升色拉油，加热至油温约160℃，放入葱油饼以小火将饼炸至略金黄后打入1个鸡蛋，并立即将饼放至蛋上，炸熟沥干油即可。

129 牛肉卷饼

材料

葱油饼……10个
（做法请见P16）
葱……10根
市售卤牛腱肉·400克

调味料

甜面酱……150克

做法

1. 葱洗净切段；市售卤牛腱肉切片，备用。
2. 将葱油饼摊平，抹上适量（约1小匙）的甜面酱，再放入卤牛腱肉片与葱段，最后将饼卷起切段即可。

130 蛋饼皮

 材料

温水面团……… 470克
（做法请见P103）
葱花………………20克

做法

1. 将温水面团揉至表面光滑，擀成厚约0.5厘米的圆形，表面撒上葱花，再卷成圆筒状后分成20个小面团。
2. 将每个面团压扁，用擀面棍擀成直径约15厘米的圆饼；平底锅加热，放少许油，将饼放入后以小火煎至表面微透明即可。

131 蔬菜大蛋饼

材料

蛋饼皮……………1张
圆白菜丝………160克
鸡蛋………………1个

调味料

盐………………少许

做法

1. 将圆白菜丝放入大碗中，打入鸡蛋并撒上盐充分拌匀备用。
2. 平底锅倒入少许油烧热，倒入做法1备好的材料，再盖上蛋饼皮，开小火烘煎至蛋液凝固，翻面后再倒入少许油，继续烘煎至饼皮外观呈金黄色，趁热包卷起来盛出。
3. 将煎好的饼分切成块即可。

132 培根蛋薄饼卷

材料

蛋饼皮1张、培根2片、洋葱丝30克、鸡蛋1个

做法

1. 平底锅加热，倒入约1小匙的色拉油，放入培根片煎香后取出。
2. 锅中再加入1小匙色拉油，加热后放入蛋饼皮煎至金黄后铲出，倒入打散的鸡蛋，再盖上蛋饼皮煎约1分钟，煎至鸡蛋熟即取出。
3. 将培根及洋葱丝放入饼皮中，再将饼皮卷成圆筒状即可。

133 奶酪烙饼

🥟 材料

温水面团……… 950克
（做法请见P103）
鸡蛋………………10个
奶酪片……………10片

🧂 调味料

猪油……………100克
盐………………10克

🍲 做法

1. 将温水面团分成10等份，再各擀成厚约0.2厘米的圆形，表面涂上猪油后再撒上盐，并卷成长条，最后盘成圆形静置10分钟。
2. 将醒过的饼压扁后擀开成圆形备用。
3. 取平底锅加热后，加入约1大匙的色拉油，放入做好的饼，以小火将两面煎至金黄酥脆，再用煎铲拍松后，最后打入一个蛋，并将饼覆盖在蛋上，煎熟后起锅，夹入1片奶酪片即可。

134 炼乳烙饼

🥟 材料

温水面团……… 950克
（做法请见P103）
炼乳………………1罐

🧂 调味料

猪油……………100克
细盐………………10克

🍲 做法

1. 将温水面团分成10等份，再各擀成厚约0.2厘米的圆形，表面涂上猪油后再撒上盐，并卷成长条，最后盘成圆形静置10分钟。
2. 将醒过的饼压扁后擀开成圆形备用。
3. 取平底锅加热后，加入约1大匙的色拉油，放入做好的饼，以小火将两面煎至金黄酥脆，再用煎铲拍松，煎熟后起锅，淋上炼乳即可。

135 酸菜烙饼

 材料

温水面团950克（做法请见
P103）、鸡蛋10个、酸菜
丝200克、姜15克、红辣椒
10克

调味料

色拉油2大匙、白糖4大匙、
猪油100克、盐10克

做法

1. 酸菜丝洗净后沥干；姜及红辣椒洗净切碎，备用。
2. 热锅下色拉油，小火爆香红辣椒及姜碎，放入酸菜及白糖以中火翻炒，炒约3分钟至水分完全收干后起锅备用。
3. 将温水面团分成10等份，再各擀成厚约0.2厘米的圆形，表面涂上猪油后再撒上盐，卷成圆筒状后，盘成圆形静置10分钟，最后再次将醒过的饼压扁后擀开成长条备用。
4. 取平底锅加热后，加入约1大匙的色拉油，放入做好的饼，以小火将两面煎至金黄酥脆，再用煎铲拍松，打入1个蛋，并将饼覆盖在蛋上，煎熟后起锅，夹入酸菜丝即可。

136 荷叶饼

**材料**

中筋面粉········· 300克
盐·················· 3克
温水（65~70℃）
················· 170毫升
色拉油············ 适量

做法

1. 将中筋面粉过筛入大盆中，加入盐稍微拌匀，倒入温水以擀面棍或筷子拌匀。

2. 用手将面揉约3分钟至均匀，再用干净的湿毛巾或保鲜膜盖好，静置放凉醒约30分钟，取出揉至表面光滑。

3. 将面团分成20等份（见图1），单面抹上一层色拉油（见图2），再将抹油的面两两相叠并压紧，以擀面棍擀成直径约15厘米的圆面片备用（见图3）。

4. 平底锅烧热，放入面片以小火干烙至表面鼓起（见图4），再将煎好的面饼撕开成两张即可（见图5）。

美味秘诀

　　荷叶饼一次煎两片饼皮，所以每一片饼皮其实只煎到一面，因此可以具有两种口感，煎过的一面较香脆，没煎过的一面则较软润，包馅的时候记得要将馅料放在没有煎过的那一面。

137 合饼卷菜

材料

A. 荷叶饼2个（做法请见P112）
B. 肉丝40克、葱丝10克、蒜末10克、青椒丝20克、土豆丝40克、黑木耳丝15克、胡萝卜丝20克

调味料

盐1/2小匙、细砂糖1小匙、白胡椒粉1/4小匙、市售高汤50毫升

做法

1. 锅烧热，倒入少许油，依序将材料B的材料下锅略爆香，并翻炒均匀。
2. 加入所有调味料，以小火炒至汤汁收干后取出。
3. 取一个荷叶饼摊平，将炒好的馅料取适量放入饼中，再将饼卷起即可。

138 京酱肉丝卷

材料

荷叶饼5个（做法请见P112）、猪肉丝150克、小黄瓜2条

调味料

水50毫升、甜面酱3大匙、番茄酱2小匙、细砂糖2小匙、香油1小匙

做法

1. 小黄瓜洗净切丝备用。
2. 取锅，倒入2大匙油烧热，放入猪肉丝以中火炒至肉丝变白，加入水、甜面酱、番茄酱及细砂糖，持续炒至汤汁略收干后加入香油并盛出备用。
3. 将荷叶饼摊平，在中间依序放入小黄瓜丝和内馅，再将饼包卷起来即可。

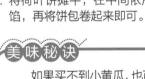

美味秘诀

如果买不到小黄瓜，也可以用葱丝替代，和肉丝搭配味道也不错。

139 大饼包小饼

🥮 大饼

荷叶饼 ············· 10个
（做法请见P112）

🥮 小饼

低筋面粉100克
猪油 ············· 50毫升
冷水面团 ······· 250克
红豆沙 ··········· 160克
老油 ··········· 150毫升
（使用过的油）
新油 ··········· 200毫升

🥣 做法

1. 低筋面粉过筛，与猪油轻轻挤压均匀拌成团至不粘手，制成小饼油酥备用。
2. 将冷水面团擀开成厚0.2厘米的长方形面皮（见图1），均匀覆上小饼油酥，面皮的边缘留约1厘米，以便包卷成长条形后粘合，醒10～15分钟备用（见图2）。
3. 将长条形面卷分割成10等份，卷纹朝上杆开成面皮，包入红豆沙（见图3），捏紧面皮收口并朝下静置，醒10～15分钟备用。
4. 锅中倒入老油，均匀加热至油温约170℃，将饼炸至酥脆（见图4），两面呈金黄色，起锅前转大火逼出油分，再捞起沥干油分（见图5），即为小饼，压扁备用。
5. 将荷叶饼皮摊开，包入做好的小饼，用手掌略为轻拍即可（见图6～7）。

冷水面团

材料：
中筋面粉170克、水80毫升、油少许

做法：
　　面粉中间拨开筑成粉墙，加入盐，再将冷水慢慢加入拌匀，用手揉约3分钟至成团，盖上保鲜膜放置发酵5分钟，再揉至表面光滑即可。

140 雪里红肉丝卷饼

材料

荷叶饼 ·············· 2个
（做法请见P112）
雪里红 ············· 100克
猪肉丝 ············· 40克
红辣椒末 ········· 15克
姜末 ··············· 10克

调味料

盐 ················· 1/6小匙
细砂糖 ············· 1小匙
香油 ··············· 1大匙

做法

1. 雪里红洗净后挤干水分切细，备用。
2. 锅烧热，倒入少许色拉油，以小火爆香红辣椒末、姜末，再加入猪肉丝炒散，继续放入雪里红、盐、细砂糖及香油炒匀取出。
3. 取荷叶饼平铺，放入炒好的馅料，再将饼卷起即可。

141 沙拉熏鸡肉卷

材料

荷叶饼 ·············· 5个
（做法请见P112）
熏鸡肉 ············· 100克
西红柿片 ··········· 少许
玉米粒 ············· 少许
小豆苗 ············· 少许
苜蓿芽 ············· 少许

调味料

美乃滋 ············· 2大匙

做法

1. 小豆苗和苜蓿芽均洗净沥干水分；熏鸡肉撕成细丝，备用。
2. 荷叶饼摊平，放入小豆苗和苜蓿芽并均匀挤入美奶滋，再放入熏鸡肉丝和西红柿片，最后撒上玉米粒将饼卷起即可。

美味秘诀

材料中的西红柿片和小豆苗皆少许，可视个人的喜好增减，并不影响风味。

美味秘诀

牛肉馅饼要好吃，重点在于调配出来的牛肉馅比例是否恰当，通常最好的比例是将瘦牛肉泥和肥油以3:1或4:1的比例混合调配。经由肥油的润泽，牛肉馅吃起来才不会过于干涩，因肥油比例不高，再加入葱、姜等辛香料，吃起来口味就不会过度油腻！

142 牛肉馅饼

🫕 材料

温水面团500克（做法请见P103）、牛肉泥300克、姜10克、葱120克

🧂 调味料

盐3.5克、水50毫升、细砂糖3克、酱油10毫升、米酒10毫升、白胡椒粉1小匙、香油1大匙女

🥣 做法

1. 姜洗净切末；葱洗净切碎，备用。
2. 牛肉泥放入钢盆中，加入盐后搅拌至有粘性，再加入细砂糖及酱油、米酒拌匀后将50毫升水分2次加入，边加水边搅拌至水分被肉吸收。
3. 加入姜末、白胡椒粉及香油拌匀，要包前再加入葱花拌匀成馅（见图1）。
4. 将温水面团搓成长条，切成每个重约30克的面球；将切好的面球撒上面粉以防沾粘，再将面球用擀面棍擀成直径9~10厘米的圆形面皮（见图2）。
5. 取约30克的馅放入面皮中将馅包入略压成饼型。平底锅加热后加入约1大匙色拉油，放入馅饼，以小火将两面煎至金黄酥脆即可（见图3~5）。

143 葱馅饼

材料

温水面团……… 600克
（做法请见P103）
葱花…………… 300克

调味料

香油…………… 2大匙
细盐………………3克
白胡椒粉………1大匙
花椒粉……… 1/4小匙

做法

1. 温水面团均匀分成20份。
2. 将葱花与香油拌匀后，加入细盐、白胡椒粉及花椒粉拌匀成内馅（见图1~2）。
3. 取1份小面团擀开成直径约8厘米的圆形，包入约15克的内馅，再略压扁成饼型，制成葱馅饼（见图3~6）。
4. 取一平底锅，倒入约50毫升色拉油烧热，再放入葱馅饼，以小火将两面半煎半炸至外观金黄即可（见图7~8）。

美味秘诀

在煎馅饼时，可以选择较厚的平底锅，让饼受热更均匀。在煎的同时可以用锅铲将馅饼轻轻压一压，才能让馅饼更快熟。

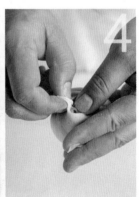

144 萝卜丝饼

材料

温水面团460克（做法请见P103）、白萝卜丝1000克、葱花30克、虾米80克

调味料

A. 盐1小匙
B. 盐1/4小匙、细砂糖1小匙、白胡椒粉1小匙、香油1大匙

做法

1. 虾米用开水泡过后沥干切碎。
2. 将白萝卜丝加入调味料A的盐拌匀，腌渍20分钟后挤压去水分。
3. 加入调味料B及葱花拌匀成萝卜丝馅，备用。
4. 将面团搓成长条，切成每个重约35克的面球。
5. 将切好的面球撒上面粉以防沾粘，再将面球用擀面棍擀成直径9～10厘米的圆形面皮。
6. 将约35克的萝卜丝馅，放入圆形面皮中，将馅包好略压成饼型。
7. 平底锅加热后加入约1大匙色拉油，放入萝卜丝饼，以小火将两面煎至金黄即可。

145 西红柿猪肉馅饼

材料

温水面团500克（做法见P103）、猪肉泥300克、西红柿100克、姜末8克、葱花30克

调味料

盐3.5克、鸡粉4克、细砂糖3克、番茄酱1大匙、米酒10毫升、白胡椒粉1小匙、香油1大匙

做法

1. 西红柿放入滚沸的水中氽烫约30秒钟，取出冲凉去皮切丁，沥除水分备用。
2. 猪肉泥放入钢盆中，加入盐搅拌至有粘性，再加入鸡粉、细砂糖、番茄酱以及米酒拌匀。
3. 加入姜末、白胡椒粉以及香油拌匀，要包入面皮前再加入西红柿丁和葱花，搅拌均匀即为西红柿猪肉馅。
4. 将温水面团搓成长条，切成每个重约30克的面球撒上面粉以防沾粘，再用擀面棍擀成直径9～10厘米的圆形面皮，包入约30克西红柿猪肉馅，以逆时针方向将馅饼皮捏出摺痕，最后将收口捏紧成为圆包状，再用手掌略施力气将其向下压扁成圆饼状。
5. 平底锅加热倒入约1大匙色拉油，放入馅饼以小火煎至两面金黄酥脆即可。

146 香菇鸡肉馅饼

材料

温水面团500克（做法请见P103）、鸡腿肉300克、泡发香菇80克、姜末8克、葱花50克

调味料

盐3.5克、鸡粉4克、细砂糖3克、酱油10毫升、米酒10毫升、白胡椒粉1小匙、香油1大匙

做法

1. 泡发香菇切碎；鸡腿肉用刀剁碎成约0.5厘米见方的碎肉，备用。
2. 将鸡腿肉碎放入钢盆中，加入盐搅拌至有粘性，再加入鸡粉、细砂糖、酱油以及米酒拌匀。
3. 加入姜末、白胡椒粉以及香油拌匀，包入面皮前再加入葱花和香菇碎拌均，即为香菇鸡肉馅。
4. 温水面团搓成长条，切成每个重约30克的面球，撒上面粉以防沾粘，用擀面棍擀成直径9～10厘米的圆形面皮，包入约30克的内馅，以逆时针方向将馅饼皮捏出摺痕，最后将收口捏紧成为圆包状，再以手掌略施力气将其向下压扁成圆饼状。
5. 平底锅加热，倒入约1大匙色拉油，放入馅饼以小火将两面煎至金黄酥脆即可。

材料

温水面团500克（做法请见P103）、羊肉泥300克、姜末8克、葱花20克、芹菜100克

调味料

盐3.5克、鸡粉4克、细砂糖3克、酱油10毫升、米酒10毫升、白胡椒粉1小匙、香油1大匙

做法

1. 芹菜洗净沥干切碎，备用。
2. 羊肉泥放入钢盆中，加入盐搅拌至有粘性，再加入鸡粉、细砂糖、酱油以及米酒拌匀。
3. 加入姜末、白胡椒粉以及香油拌匀，要包入面皮前再加入芹菜碎和葱花，搅拌均匀即为芹菜羊肉馅。
4. 温水面团搓成长条，切成每个重约30克的面球撒上面粉以防沾粘，用擀面棍擀成直径9～10厘米的圆形面皮，包入约30克的芹菜羊肉馅，以逆时针方向将馅饼皮捏出摺痕，最后将收口捏紧成为圆包状，再以手掌略施力气将其向下压扁成圆饼状。
5. 平底锅加热，倒入约1大匙色拉油，放入馅饼以小火将两面煎至金黄酥脆即可。

147 芹菜羊肉馅饼

148 咖喱馅饼

🥟 材料

鸡肉丁150克、土豆丁70克、胡萝卜丁60克、温水面团360克（做法请见P103）、淀粉1大匙、水1.5大匙

🧂 调味料

葱油1大匙、高汤120克、味精1小匙、盐1小匙、糖1/2小匙、胡椒粉1/2小匙、咖喱粉2小匙、香油1.5小匙

🍲 做法

1. 淀粉和水调匀备用；热锅放入葱油、高汤、鸡肉丁以中小火炒开，继续加入土豆丁、胡萝卜丁和其余调味料（香油除外）炒2分钟，再放入水淀粉炒匀即成馅料，待凉放入冰箱。
2. 温水面团分成每个约60克的小面团，挤压成球状后静置5分钟，压扁再擀成直径约12厘米外薄内厚的馅饼皮。
3. 取一张馅饼皮包入适量馅料，收口向下并压成饼状，再放入热油锅中煎8~10分钟至两面金黄即可。

149 酸菜馅饼

🥟 材料

猪肉馅150克（做法请见P22）、酸菜丁50克、葱花60克、温水面团360克（做法请见P103）、煎油2大匙

🍲 做法

1. 将猪肉馅和酸菜丁一起混拌均匀制成酸菜馅料，再将馅料放入冰箱中冷藏。
2. 取温水面团平均分成每个约60克的小面团共6份，再用双手将其由外向内挤压成圆球状，醒置约5分钟后擀成直径约12厘米外薄内厚的馅饼皮。
3. 取一馅饼皮包入约35克的酸菜馅料和15克的葱花，以顺时针方向将馅饼皮慢慢捏出摺痕，再将收口捏紧成为圆包状后，用手掌略施力气向下将其压扁成约1.5厘米厚的圆片，即为馅饼。
4. 取一煎锅，放入2大匙的煎油烧热后，再放入做好的馅饼以小火煎8～10分钟至两面金黄熟透即可。

150 海鲜馅饼

材料

五花肉泥100克、虾仁丁40克、墨鱼末40克、海参细丁40克、韭黄段60克、马蹄细丁20克、温水面团360克（做法请见P103）、煎油2大匙

调味料

蚝油1大匙、味素1/2小匙、糖1/2小匙、胡椒粉1/2小匙、香油1小匙

做法

1. 将所有材料（除温水面团和煎油除外）和调味料混合搅拌至有粘性制成馅料，放入冰箱冷藏。
2. 将温水面团分成每个约60克的小面团，挤压成球状，静置约5分钟，压扁再擀成直径约12厘米外薄内厚的饼皮。
3. 取一饼皮包入约50克馅料，收口向下并压成饼状，放入热油锅中煎8~10分钟至两面金黄即可。

 材料

黄豆渣80克、圆白菜丝100克、香菇丝(炒熟)30克、胡萝卜丝40克、素肉浆30克、温水面团360克（做法请见P103）、煎油2大匙

调味料

盐1小匙、味素1小匙、糖1小匙、胡椒粉1小匙、香油1大匙、白油1大匙

做法

1. 将所有材料（除温水面团、煎油外）和所有调味料一起混拌均匀后制成豆渣馅料，放进冰箱冷藏。
2. 将温水面团平均分成每个约60克的小面团，共6份，再用双手将其由外向内挤压成圆球状后，醒置约5分钟，再擀成直径约12厘米外薄内厚的馅饼皮。
3. 取一馅饼皮包入豆渣馅料，以顺时针方向将馅饼皮慢慢捏出摺痕，将收口捏紧成为圆包状，再以手掌略施力气将其向下压扁成约1.5厘米厚的圆片状，即为馅饼。
4. 取一煎锅，放入2大匙的煎油热锅后，将馅饼放入煎锅中，以小火煎8~10分钟至两面金黄熟透即可。

151 豆渣馅饼

152 香椿馅饼

 材料

香椿酱120克、胡萝卜末40克、马蹄末50克、香菇末40克、素肉浆40克、温水面团360克（做法请见P103）、煎油2大匙

调味料

盐1小匙、糖1小匙

做法

1. 将所有材料(除温水面团、煎油外)和所有调味料一起混拌均匀制成香椿馅料，放进冰箱冷藏。
2. 取温水面团平均分成每个约60克的小面团，共6份，再用双手由外向内将其挤压成圆球状后，醒置约5分钟，擀成直径约12厘米外薄内厚的馅饼皮。
3. 取一张馅饼皮包入香椿馅料，以顺时针方向将馅饼皮慢慢捏出摺痕，再将收口捏紧成为圆包状，用手掌略施力气将其向下压扁成约1.5厘米厚的圆片状，即为馅饼。
4. 取煎锅，放入2大匙油烧热后，放入馅饼，以小火煎8～10分钟至两面金黄熟透即可。

153 南瓜馅饼

材料

南瓜丁100克、干金针30克、枸杞子30克、菠菜50克、温水面团360克（做法请见P103）、煎油2大匙

调味料

蒜末1大匙、盐1/2小匙、味素1/2小匙、糖1/2小匙、白油15克、水1.5大匙、淀粉1小匙、香油1小匙、胡椒粉1/2小匙

做法

1. 干金针泡水后洗净切小段；枸杞子泡水约5分钟捞出；菠菜洗净切小段备用。
2. 热锅后放入白油，炒香蒜末后加入南瓜丁、金针段、枸杞子略拌炒，再放入其余调味料勾芡后盛盘，待冷却后加入菠菜一起混拌均匀即为南瓜馅料。
3. 取温水面团平均分成每个60克的小面团，共6份，再用双手由外向内将其挤压成圆球状后，醒置约5分钟，擀成直径约12厘米外薄内厚的馅饼皮。
4. 取一馅饼皮，包入南瓜馅料，以顺时针方向将馅饼皮慢慢捏出摺痕，最后将收口捏紧成为圆包状后，再以手掌将其向下压扁成为1.5厘米厚的圆片状，即为馅饼。
5. 取一煎锅，放入2大匙的煎油热锅后，将馅饼放入煎锅中，以小火煎8～10分钟至两面金黄熟透即可。

154 椒盐馅饼

 材料

黑芝麻粉70克、板油65克、糖粉65克、白胡椒粉1小匙、黑胡椒粉1小匙、盐1/2小匙、温水面团240克（做法请见P103）、煎油2大匙

做法

1. 将所有材料(除温水面团、煎油外)一起混拌均匀后制成椒盐馅料，分成4等份后放进冰箱中冷藏。
2. 将温水面团平均分成每个约60克的小面团，共4份，再用双手由外向内将其挤压成圆球状后，醒置约5分钟，擀成直径约12厘米外薄内厚的馅饼皮。
3. 取一馅饼皮，包入适量椒盐馅料，再将馅饼皮折叠成四方形状，即为馅饼。
4. 取一煎锅，放入2大匙的煎油烧热锅，放入馅饼以小火煎8~10分钟至两面金黄熟透即可。

155 三菇馅饼

 材料

鲜香菇50克、金针菇50克、鲜草菇50克、味噌25克、温水面团240克（做法请见P103）、煎油1.5大匙

做法

1. 将鲜香菇、金针菇、鲜草菇洗净沥干水分后切成细丁一起混拌均匀即为馅料。
2. 将温水面团平均分成每个约60克的小面团，共4份，再用双手由外向内将其挤压成圆球状，醒置约5分钟后，擀成直径约12厘米外薄内厚的馅饼皮。
3. 取一张馅饼皮，在中间抹上约6克的味噌后，再包入约40克的馅料，以顺时针方向将馅饼皮慢慢捏出摺痕，将收口捏紧成为圆包状后，再以手掌将其向下压扁成约1.5厘米厚的圆片状，即为馅饼。
4. 取一煎锅，放入1.5大匙的煎油热锅后，将馅饼放入煎锅中，以小火煎8~10分钟至两面金黄熟透即可。

125

156 花生馅饼

🍡 材料

熟咸花生20克、花生粉50克、白油60克、糖粉60克、温水面团240克（做法请见P103）、煎油1又1/3大匙

🍚 做法

1. 熟咸花生拍碎，与花生粉、白油、糖粉一起混拌均匀制成花生馅料，再等分成4份放进冰箱冷藏。
2. 将温水面团平均分成每个约60克的小面团，共4份后，再用双手由外向内将其挤压成圆球状后，醒置约5分钟，擀成直径约12厘米外薄内厚的馅饼皮。
3. 取一馅饼皮，包入花生馅料，用手取三等份的馅饼皮向中心粘住，再将三边的边缘捏紧，静置3～5分钟，再用手掌略施力气将其向下压扁成约1厘米厚的三角形状，即为馅饼。
4. 取一煎锅，放入1又1/3大匙的煎油烧热，放入馅饼，以小火煎8～10分钟至两面金黄熟透即可。

157 豆沙馅饼

🍡 材料

A. 红豆粒沙210克、温水面团360克（做法请见P103）、煎油2大匙

B. 糯米粉35克、冷水40毫升、椰浆10克、细砂糖15克

🍚 做法

1. 将糯米粉、椰浆、细砂糖和20毫升的冷水一起放入容器内，以打蛋器调匀后，再加入剩余的20毫升的冷水调匀备用。
2. 取6个饭碗，在每一个饭碗底部抹上少许油(分量外)，将做法1的材料平均倒入6个饭碗内，以中火蒸约10分钟熄火取出，即为麻糬。
3. 将温水面团平均分成每个约60克的小面团，共6份，再将小面团用双手由外向内挤压成圆球状，再醒置约5分钟。
4. 将小面球擀成直径约12厘米外薄内厚的馅饼皮，先包入红豆粒沙，再包入一块麻糬后，再包入红豆粒沙，以形成夹心内馅，然后以顺时针方向将馅饼皮慢慢捏出摺痕，将收口捏紧成为圆包状后，再以手掌略施力气将其向下压扁成约1.5厘米厚的圆片状，即为馅饼。
5. 取一煎锅，放入2大匙的煎油热锅，将馅饼放入煎锅中，以小火煎8～10分钟至两面金黄熟透即可。

158 酒酿馅饼

 材料

酒酿100克、绿豆沙120克、鲜奶油1大匙、橘瓣6瓣、温水面团360克（做法请见P103）、煎油2大匙

 做法

1. 将酒酿、绿豆沙、鲜奶油混拌均匀制成馅料，放入冰箱中冷藏，备用。
2. 橘瓣切剪成小段备用。
3. 将温水面团平均分成每个约60克的小面团，共6份，再用双手由外向内将其挤压成圆球状，醒置约5分钟后，擀成直径约12厘米外薄内厚的馅饼皮。
4. 取一张馅饼皮，包入约40克的馅料和几小段的橘瓣，以顺时针方向将馅饼皮慢慢捏出摺痕，将收口捏紧成为圆包状，再以手掌略施力气将其向下压扁成约1.5厘米厚的圆片状，即为馅饼。
5. 取一煎锅，放入2大匙的煎油烧热后，放入馅饼以小火煎8～10分钟至两面金黄熟透即可。

159 红豆芋泥馅饼

 材料

蜜红豆粒90克、芋泥180克、鲜奶油30克、温水面团360克（做法请见P103）、煎油2大匙

做法

1. 蜜红豆粒、芋泥、鲜奶油一起放入容器内拌匀后，分成6等份，即为红豆芋泥馅料。
2. 将温水面团平均分成每个约60克的小面团，共6份，用双手由外向内将其挤压成圆球状，醒置约5分钟后，擀成直径约12厘米外薄内厚的馅饼皮。
3. 取一张馅饼皮包入红豆芋泥馅料，以顺时针方向将馅饼皮慢慢捏出摺痕，将收口捏紧成为圆包状，再以手掌略施力气将其向下压扁成约1.5厘米厚的圆片状，即为馅饼。
4. 取一煎锅，放入2大匙的煎油烧热，放入的馅饼以小火煎8～10分钟至两面金黄熟透即可。

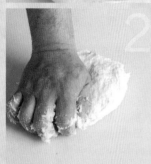

160 烧饼面团

🥟 材料

中筋面粉600克、盐6克、温水（65~70℃）380毫升、低筋面粉80克、色拉油50克

🍚 做法

1. 将中筋面粉过筛入大盆中，加入盐稍微拌匀，倒入温水以擀面棍或筷子拌匀。

2. 用双手将面团揉约3分钟，再用干净的湿毛巾或保鲜膜盖好，静置放凉醒约30分钟，取出揉至表面光滑即为温水面团。

3. 取锅，倒入色拉油开小火烧热至油温约80℃，放入低筋面粉，小火炒约5分钟至略呈金黄色后，起锅放凉即为油酥。

4. 将温水面团擀成长方形（约宽20厘米、长40厘米），均匀抹上油酥，由上而下卷成长圆筒状，再分切成12等份，最后将切口处稍微捏紧收口即可。

161 芝麻烧饼

材料

烧饼面团……… 500克
（做法请见P128）
白芝麻……………… 适量

做法

1. 将每个烧饼面团以擀面棍擀开成长方形，由两边向内折成三折，再擀成厚约0.4厘米的长方形，表面涂水，沾上芝麻；将沾有芝麻的面朝下，再以擀面棍擀压一次，重复前述步骤至面团用完为止。
2. 烤箱预热至上、下火温度均为210℃，将做法1的材料移入烤箱烘烤约12分钟至金黄酥脆即可。

美味秘诀

将烧饼面团擀开三折之后再重复擀压，是为了做出烧饼的层次，可以重复这个动作做出更多的层次感，口感也更酥脆，不过最好不要超过三次，否则饼皮会因为层次太多、太薄而容易破碎。

162 甜烧饼

材料

烧饼面团……… 500克
（做法请见P128）
黑、白芝麻……… 适量
二号砂糖……… 150克
低筋面粉………… 50克

做法

1. 将二号砂糖及低筋面粉拌匀成馅料备用。
2. 将烧饼面团分成20份，再将每份小面团擀开成长方形，由两边向内折成三折，擀成厚约0.6厘米的正方形面皮。
3. 每张面皮包入1大匙馅料后捏紧收口，略压扁后以擀面棍擀成椭圆形，表面涂上水，沾上混合均匀的黑、白芝麻，重复上述步骤至面团用完。
4. 烤箱预热至上、下火温度均为210℃，将做法3的材料移入烤箱烘烤约12分钟至表面金黄酥脆即可。

163 葱烧饼

材料

烧饼面团500克（做法请见P128）、白芝麻适量、葱花300克

调味料

色拉油2大匙、白胡椒粉1小匙、细盐1小匙

做法

1. 葱花放入大碗中，加入所有调味料拌匀成馅料备用。
2. 将烧饼面团分成20份，再将每份小面团擀开成长方形，由两边向内折成三折，再擀成厚约0.6厘米的正方形面皮。
3. 每张面皮包入1大匙馅料后捏紧收口，略压扁后以擀面棍擀成椭圆形，表面涂上水，沾上白芝麻，重复上述步骤至面团用完。
4. 烤箱预热至上、下火温度均为210℃，将做法3的材料移入烤箱烘烤约12分钟至表面金黄酥脆即可。

164 芽菜奶酪烧饼

材料

芝麻烧饼…………2个
（做法请见P129）
苜蓿芽…………30克
小豆苗…………30克
奶酪片…………2片

调味料

沙拉酱…………2大匙

做法

1. 苜蓿芽、小豆苗洗净，沥干水分备用。
2. 将芝麻烧饼以剪刀从侧面剪开，分别放入苜蓿芽、小豆苗并抹上沙拉酱，最后放入奶酪片，再将烧饼两面合拢夹紧即可。

165 葱烧肉片烧饼

材料

芝麻烧饼…………2个
（做法请见P129）
梅花猪肉片……80克
葱…………50克

调味料

酱油…………2大匙
细砂糖…………1大匙

做法

1. 葱洗净斜切片；梅花猪肉片洗净沥干水分，备用。
2. 热锅倒入2大匙色拉油烧热，放入梅花猪肉片，以中火炒至肉片变白后加入葱片及酱油、细砂糖，持续炒至汤汁收干制成馅料盛出备用。
3. 将芝麻烧饼以剪刀从侧面剪开，分别放入适量馅料，再将烧饼两面合拢夹紧即可。

166 盘丝饼

材料

冷水面团300克（做法请见P104）、色拉油2大匙、细砂糖3大匙

做法

1. 将冷水面团擀成厚约0.2厘米的长方形，表面涂上色拉油（见图1）。
2. 将擀好的长方形面饼对折后，用刀切成宽约0.5厘米的细丝（见图2~3）。
3. 将每10股细丝抓成一股，静置约10分钟后捏起头尾（见图4）。
4. 拉长后盘成圆盘状，再压平成饼（见图5）。
5. 平底锅加热，加入约2大匙色拉油，放入做好的饼，以小火将两面煎至金黄酥脆，装盘后撒上细砂糖即可。

美味秘诀

静置醒的时间一定要足够，面团在拉长要盘起时延展性才会好，否则很容易拉断，做出来的盘丝饼较不美观。

131

材料

冷水面团200克（做法请见P104）、豆沙90克、油适量

做法

1. 豆沙馅放入塑料袋中，擀成扁平状，再用面刀将内馅稍微整理成长方形，放入冰箱中冷冻30分钟至硬。
2. 将冷水面团擀成0.1～0.2厘米厚的长方形面皮，两面抹油，醒10～15分钟。
3. 锅内倒入油均匀加热，将面皮用擀面棍卷起，平整放入锅中，再将豆沙馅铺放在面皮上。
4. 将面皮按照豆沙馅的形状包成长方形，以中火半煎炸至两面皆呈金黄色即可。

167 豆沙锅饼

168 抹茶桂花锅饼

材料

冷水面团200克（做法请见P104）、白豆沙90克、桂花酱10克、抹茶粉3克、油适量

做法

1. 将白豆沙、桂花酱、抹茶粉拌匀，放入塑料袋中擀成扁平状，再用面刀整理好形状后，放入冰箱冷冻30分钟至硬。
2. 将冷水面面团擀成0.1～0.2厘米厚的长方形面皮，两面抹油，醒10～15分钟。
3. 在锅中倒入油均匀加热，将面皮用擀面棍卷起，平整放入锅中，铺放上的馅料，再按照馅料的形状包成长方形，以中火半煎半炸，至两面呈金黄色即可。

169 家常糖饼

材料

冷水面团300克（做法请见P104）、二砂糖150克

做法

1. 将冷水面团平均分成每个重约30克的小面团，静置醒约10分钟。
2. 将小面团擀开成圆形面皮，每个面皮包入1大匙二砂糖后再醒10分钟。
3. 用擀面棍将包好的面皮擀成直径约5厘米的圆饼。
4. 热一锅油，烧至油温约160℃后将圆饼放入油锅，以中火炸至表皮略呈金黄色即可。

170 芝麻枣泥炸饼

 材料

冷水面团········ 300克
（做法请见P104）
枣泥············· 300克
白芝麻 ············50克

🍲 做法

1. 将冷水面团平均分成每个重约15克的小面团，静置醒约10分钟。
2. 将小面团擀开成圆形面皮，每个面皮包入约15克的枣泥，略压扁后表面用少许水（材料外）沾湿，再沾上白芝麻。
3. 热一锅油，烧至油温约160℃后将饼入油锅，以中火炸至表皮略呈金黄色即可。

171 油撒子

🍥 材料

中筋面粉········ 200克
盐 ·····················2克
水 ··············· 120毫升
色拉油 ···············60克

美味秘诀
　　油撒子也是以冷水面团做的一种点心，但含水量较本书基础冷水面团的含水量高。

🍲 做法

1. 将所有材料混合揉至有筋性后醒约10分钟，再揉一次让筋性更强。
2. 用手沾上少许色拉油（分量外），将面团搓成约圆珠笔杆粗细大约15厘米的条，排放于托盘上，盖上保鲜膜，置于室温下醒约6小时。
3. 热油锅至油温约180℃，将醒好的面条拉长，盘于手指上后用筷子撑开、撑长，下油锅炸约5秒钟定型，最后拿开筷子将面条炸至金黄酥脆即可。

172 蜂蜜南瓜饼

🍠 **材料**

冷水面团········ 400克
（做法请见P104）
南瓜·············· 400克
盐 ·············1/2小匙
细砂糖 ············80克
蜂蜜 ·········· 100毫升

🍚 **做法**

1. 将南瓜洗净，刨丝后与盐、细砂糖拌匀成馅料。
2. 将冷水面团平均分成每个重约40克的小面团，静置醒10分钟。
3. 将小面团擀开成圆形面皮，每个面皮包入约40克馅料，再静置醒约10分钟。
4. 用擀面棍将包好的面皮擀开成直径约5厘米的圆饼。
5. 平底锅加热，加入约3大匙色拉油，放入做法4的馅饼，以小火将两面煎至金黄，再淋上蜂蜜即可食用。

173 金枪鱼沙拉饼

🍠 **材料**

冷水面团400克（做法请见P104）、罐头金枪鱼200克、洋葱丁80克、黑胡椒粉1/2小匙、沙拉酱3大匙

🍚 **做法**

1. 金枪鱼肉压碎后与洋葱丁、黑胡椒粉及沙拉酱拌匀成馅料。
2. 将冷水面团平均分成每个重约40克的小面团，静置醒约10分钟。
3. 将小面团擀开成圆形面皮，每个面皮包入1大匙馅料，再醒10分钟。
4. 用擀面棍将包好的面皮擀开成直径约5厘米的圆饼。
5. 热一锅油，烧至油温约160℃后将饼放入油锅，以中火炸至表皮略呈金黄色即可。

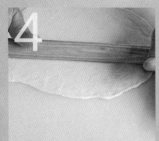

174 筋饼皮

材料

中筋面粉········ 500克
水 ·············· 300毫升
盐 ··················· 5克

做法

1. 将中筋面粉过筛入大盆中（见图1），加盐稍微拌匀后，倒入水拌匀，再以双手揉约3分钟揉成面团（见图2），用干净的湿毛巾或保鲜膜盖好，静置醒约2小时。

2. 将面团取出，揉至表面光滑，分成20等份，各擀成厚约0.1厘米的圆形面皮（见图3~4）。

3. 平底锅烧热，放入圆形片皮（见图5），以小火将两面各干煎约30秒钟至表皮表面起泡即可。

美味秘诀

筋饼是以小火干煎烘熟的，不用油煎的饼皮清香更为明显，因为不含油分，所以只要表面出现气泡且略干时就已经熟透了，若烘到金黄时口感就会太硬。

175 土豆筋饼卷

材料

筋饼皮……………2张
（做法请见P135）
猪肉丝……………80克
土豆丝……………100克
胡萝卜丝…………30克
葱丝………………20克

调味料

水……………50毫升
盐……………1/2小匙
细砂糖…………1小匙
白胡椒粉……1/4小匙

做法

1. 锅烧热，倒入少许色拉油，将猪肉丝及葱丝下锅略爆香炒匀。
2. 加入土豆丝及胡萝卜丝翻炒均匀，再加入所有调味料，一起用小火炒至汤汁收干即成馅料。
3. 取一张筋饼皮摊平，将炒好的馅料平均分放入饼中，再将饼卷起即可。

176 京葱鸭丝卷

材料

筋饼皮…………10张
（做法请见P135）
葱…………………5根
烤鸭肉………… 400克

调味料

甜面酱…………150克

做法

1. 葱洗净切丝；烤鸭肉切粗丝，备用。
2. 将筋饼皮摊平，均匀抹上1小匙甜面酱，再放入适量葱丝和烤鸭肉丝，包卷起来即可。

美味秘诀

烤鸭和甜面酱非常速配，简单利用市售的烤鸭加上青葱，就可以吃上美味一餐。

177 酸甜炸鸡卷

材料

筋饼皮2张（做法请见P135）、鸡腿排1块、生菜叶2张、地瓜粉1/2碗

调味料

A. 盐1/4小匙、细砂糖1/2小匙、米酒1小匙、白胡椒粉1/6小匙、水1大匙、鸡蛋1个（取一半蛋清）

B. 市售甜鸡酱2大匙

做法

1. 用刀在鸡腿排内侧交叉切断筋后，加入调味料A拌匀，腌渍30分钟，再裹上地瓜粉备用。
2. 起油锅，加热至油温约180℃，放入鸡腿排，以小火炸约12分钟，至表皮金黄酥脆，捞出沥干油，对切成2条。
3. 取筋饼皮平铺，分别放入生菜叶、鸡腿排，再淋上市售甜鸡酱，卷成圆筒状即可。

178 泡菜牛肉卷

材料

筋饼皮 ……………2张
（做法请见P135）
生菜叶 ……………4片
韩式泡菜 ……… 200克
牛肉片 ………… 200克
洋葱丝 …………50克

调味料

蚝油 ……………1大匙
米酒 ……………1大匙
水 ………………2大匙

做法

1. 将韩式泡菜与牛肉片切小片；锅烧热，倒入少许油，将洋葱丝下锅略爆香炒匀。
2. 加入牛肉片下锅炒至松散后，加入韩式泡菜片及所有调味料，一起以小火炒至汤汁收干后取出。
3. 取一片筋饼皮摊平，铺上生菜叶后，取适量炒好的馅料放入饼中，再将饼卷起即可。

179 烤大饼

 材料

发酵面团……… 300克
（做法请见P105）

 做法

1. 将发酵好的面团擀成直径约20厘米的圆饼。
2. 取一平底煎锅，以小火热锅，将圆饼放入锅中，盖上锅盖，以小火干烙约6分钟，至饼底面呈金黄色后，翻面再干烙约6分钟，至两面金黄且饼熟即可。

美味秘诀

发酵面团揉好、擀开后，尽量快速入锅，不需再静置醒发，如此才不会过度发酵，口感才会劲道。

180 烤葱烧饼

 材料

发酵面团600克（做法请见P105）、葱花100克、色拉油50毫升、细盐8克、白胡椒粉1克、白芝麻适量

 做法

1. 将发酵面团擀成约70厘米×20厘米的长方形；烤箱以180℃的温度预热约10分钟。
2. 在面皮表面上抹匀色拉油后，撒上细盐及白胡椒粉，再撒上葱花。
3. 将面皮由上往下折3折，折成长条，再在表面抹上水（材料外），沾上芝麻，用刀切成12份制成烧饼。
4. 将烧饼放至烤盘中，放入预热好的烤箱，烤约10分钟，烤至表面呈金黄色即可。

181 蟹壳黄

材料

发酵面团160克（做法请见P105）、低筋面粉80克、猪油40克、白芝麻适量

内馅

肥猪肉100克、细盐2克、葱花20克

做法

1. 肥猪肉绞细，与细盐及葱花一起拌匀成内馅；低筋面粉及猪油混合搓匀成油酥，备用。
2. 将发酵面团平均分成每个约20克的小面团，分别包入15克油酥后压扁，擀成长条形、卷起，放直压扁再擀一次，卷成圆柱形，再压扁擀开成圆形即成酥皮。
3. 每张酥皮各包入15克内馅，包成圆形后用手稍压扁，表面刷上少许水（材料外），撒上白芝麻，放入预热好的烤箱，再以上下火各180℃的温度烤约20分钟即可。

182 芝麻葱烙饼

材料

发酵面团300克（做法请见P105）、葱花80克、色拉油50毫升、粗盐8克、白胡椒粉1克、白芝麻适量

做法

1. 将面团擀成约50厘米×20厘米的长方形。
2. 在面皮表面上抹匀色拉油后撒上细盐及白胡椒粉，再撒上葱花。
3. 将面皮由上往下卷成圆筒状，再盘成圆形，静置醒约10分钟。
4. 将醒过的饼压扁后擀成圆形，表面抹上少许水（材料外），沾上芝麻。
5. 加热一平底锅，加入约3大匙色拉油，将做好的饼放入，盖上锅盖，以小火烙约5分钟至表面金黄，翻面再烙约5分钟至两面金黄即可。

183 麻酱烧饼

材料

发酵面团300克（做法请见P105）、芝麻酱4大匙、细盐1/2小匙、白芝麻适量

美味秘诀

若担心芝麻酱太干，可加入适量香油搅拌成稀状，这样不但容易抹开，口感也比较润滑。

做法

1. 将发酵面团擀成约50厘米×20厘米的长方形。
2. 在面皮的表面均匀地抹上芝麻酱，再撒上细盐（见图1）。
3. 将面皮由上往下卷成圆筒状后分切成8份（见图2~3）。
4. 用手指将两边切口压扁，封口后静置醒约5分钟。
5. 将醒过的饼压扁后擀开成长方形，表面抹上少许水（材料外），撒上芝麻（见图4~5）。
6. 将烤箱预热至温度约200℃，放入做好的饼，烤约12分钟至金黄酥脆即可。

184 烧饼夹牛肉

 材料

发酵面团300克（做法请见P105）、白芝麻适量、牛肉片200克、蒜末20克、洋葱丝100克、小黄瓜片10片

 调味料

盐1/2小匙、黑胡椒粉1/4小匙、米酒1大匙

 做法

1. 将面团分成10份后滚圆，表面抹上水（材料外），沾上白芝麻。
2. 烤箱预热至温度约200℃，放入滚圆的小面团烤约12分钟至表面金黄，取出后横切开（不要切断），制成烧饼备用。
3. 热锅，下2大匙色拉油，小火炒香蒜末及洋葱丝，放入牛肉片，炒至牛肉片表面变白后加入所有调味料炒匀起锅即为馅料。
4. 将烧饼夹入2片小黄瓜及适量馅料即可。

185 芝麻酥饼

 材料

发酵面团160克（做法请见P105）、低筋面粉80克、猪油40克、黑芝麻适量、白芝麻适量

内馅

黑芝麻粉60克、细砂糖35克、猪油25克

 做法

1. 黑芝麻粉、细砂糖与猪油一起拌匀成内馅；低筋面粉及猪油混合搓匀成油酥；黑芝麻及白芝麻混合，备用。
2. 将发酵面团平均分成每个20克的小面团，包入15克油酥后压扁，擀成长条形、卷起，放直压扁再擀一次，卷起成圆柱形，再压扁擀开成圆形即为酥皮。
3. 每张酥皮包入约15克内馅，包成圆形用手稍压扁，表面刷少许水（材料外），撒上黑白芝麻，放入预热好的烤箱，再以上下火各180℃的温度烤约20分钟即可。

186 肉松馅饼

材料

发酵面团········ 300克
（做法请见P105）
肉松··············100克
葱花··············100克
香油··············1大匙

做法

1. 将葱花与香油拌匀，再加入肉松拌匀成馅料。
2. 取发酵面团搓成长条，切成每个重约30克的面球。
3. 将切好的面球撒上面粉以防沾粘，再将面球用擀面棍擀成直径9～10厘米的圆形面皮。
4. 取约20馅料，放入面皮中，略压成饼形。
5. 取一平底锅，加热后加入约1大匙色拉油，放入馅饼，以小火将两面煎至金黄即可。

187 孜然烙饼

材料

发酵面团········ 300克
（做法请见P105）
细盐··············1/2小匙
孜然粉···········1大匙

做法

1. 将面团擀成约50厘米×20厘米的长方形面皮，再在面皮表面撒上细盐及孜然粉。
2. 将面皮由上往下卷成圆筒状后分切成10份，醒约5分钟。
3. 将做法2的面团用杆面棍杆成直径9～10厘米的圆形面皮，用叉子在表面刺上小孔以防起泡。
4. 平底锅加热后放入面皮，盖上锅盖，以小火烙约5分钟至表面金黄，翻面再烙约5分钟至两面金黄即可。

188 奶酪烤饼

 材料

发酵面团300克（做法请见P105）、奶酪片20片

🥣 做法

1. 将奶酪片每两片捏成球形作馅；将面团搓成长条，切成每个约30克的面球。
2. 将切好的面球撒上面粉以防沾粘，再将面球用擀面棍擀成直径约5厘米的圆形面皮。
3. 取一个奶酪球放入面皮中包好略压扁，用擀面棍擀成长椭圆形的饼。
4. 平底锅加热，将饼放入，盖上锅盖，以小火烙约5分钟至表面金黄后翻面再烙约5分钟至两面金黄即可。

189 红豆烙饼

🫐 材料

发酵面团300克（做法请见P105）、市售蜜红豆300克

🥣 做法

1. 将发酵面团搓成长条，切成每个重约30克的面球。
2. 将切好的面球撒上面粉以防沾粘，再将面球用擀面棍擀成直径9~10厘米的圆形面皮。
3. 取约30克的市售蜜红豆放入面皮中将馅包入略压成饼形。
4. 平底锅加热，将饼放入，盖上锅盖，以小火烙约5分钟至表面金黄后翻面，再烙约5分钟至两面金黄即可。

190 花生糖饼

🫐 材料

发酵面团300克（做法请见P105）、花生粉120克、细砂糖180克

🥣 做法

1. 将花生粉及细砂糖拌匀成馅料。
2. 将发酵面团搓长条，切成每个重约30克的面球。
3. 将切好的面球撒上面粉以防沾粘，再将面球用擀面棍擀成直径9~10厘米的圆形面皮。
4. 取约30克馅料放入面皮中，将馅包入略压成饼形。
5. 平底锅加热，将饼放入，盖上锅盖，以小火烙约5分钟至表面金黄，翻面再烙约5分钟至两面金黄即可。

191 甜烙饼

材料

发酵面团……… 300克
（做法请见P105）
中筋面粉……… 200克
细砂糖 …………60克
沸水（约90℃）150毫升

做法

1. 将中筋面粉、细砂糖置于钢盆中，倒入沸水并用杆面棍搅拌，再用双手揉约3分钟揉成均匀无硬块的面团。
2. 将面团以干净的湿毛巾或保鲜膜盖好以防表皮干硬，静置放凉约40分钟。
3. 将面团加入发酵面团一起揉至表面光滑，再平均分成10等份，每份擀成直径约25厘米的圆饼。
4. 取一平煎锅，以小火加热，放入圆饼，盖上锅盖，以小火干烙约6分钟至表面金黄，翻面再烙约6分钟至两面金黄即可。

192 奶油烤花卷

材料

发酵面团……… 300克
（做法请见P105）
无盐奶油……… 100克
细砂糖 ………… 3大匙

做法

1. 将面团擀成厚约0.2厘米的长方形，表面涂上奶油后撒上细砂糖，对折后用刀切成宽约0.5厘米的细丝。
2. 将每5股细丝卷成螺旋状的花卷，放在烤盘上，静置醒约5分钟。
3. 烤箱预热至温度约220℃，放入花卷，烤约10分钟至表面金黄酥脆即可。

煎饼食材处理不马虎

蔬菜汆烫去水分

有些蔬菜含水量较多，做成煎饼后较易出水，因此可先将蔬菜汆烫略熟，沥干多余水分后再与面糊调和，这样才不会稀释了面糊浓度。另外煎好后最好能趁热吃，避免久放出水导致煎饼软化。

依食材调整面糊水量

有些食材含水量多，面糊浓度就要增加。面糊的作用在于辅佐结合食材，避免太稀难成型，像泡菜因腌渍过程中带有水分，因此加入面糊前要先挤去汁液，再加入调匀的面糊中，如果若要添加泡菜汁，就要减少面糊中水的分量。

使用油量多寡有差别

不粘锅的油量不需加太多，但若想让煎饼口味较重、吃起来酥脆，可以添加多一点的油来煎，或是改用猪油来煎饼会更香酥。此外，整块不易散的煎饼可以利用半煎半炸的方式来烹调，以增加酥脆度，比如月亮虾饼等。

海鲜要去壳去刺

煎饼内海鲜种类并没有限定用哪几种，但是虾、鱼或贝类，都需先将壳或刺去除，食用才会方便。或者可以直接选购新鲜虾仁来使用，应挑选肉质清洁完整，呈淡青色或乳白色，且无异味，触感饱满且富有弹性的为佳。另外也要挑拣出粘附在牡蛎身上的细壳，否则烹调出来的煎饼不小心夹带着牡蛎壳，这样口感就会大打折扣。

汆烫或快炒更易熟

不易熟的食材可先汆烫过，如此可减少煎饼的时间，但注意处理的时间勿过久，比如海鲜汆烫只需烫半熟，因为之后还有煎的加热程序，这样才不会让海鲜过老，丧失了鲜甜的风味。食材先炒过也是相同的道理，炒的食材比汆烫的食材略"香"一些，可以根据每道食谱的风味不同来取决。

食材压泥或打汁

另外，还有一种食材处理法是将食材蒸熟后压成泥，如地瓜、南瓜等根茎类食材，压泥能让食材的体积变得更细，就可以与面粉拌匀整理好形状再去煎制；或者将蔬菜等较软的食材打成汁液，再混合粉类去煎。这两种方法不同于将食材直接拌入面糊的煎饼，反而可以吃到另一种细腻的风味，比如地瓜煎饼、玉米煎饼等。

煎饼美味诀窍 Q&A

许多人遇到的最大问题就是怕煎饼不熟，而且煎得不漂亮，这时火候和许多技巧的掌握就是煎饼美味的关键，通常只要细心地注意这些小细节；就可以做出一道色、香、味俱全的煎饼。

Q1: 为何煎饼时锅很容易变焦？

A1: 煎饼一定要用小火慢慢煎，不能心急一下子就开大火，不然容易外焦内生，吃起来半生不熟。同时也要注意接触锅底那面的饼皮是否已呈金黄色，煎得过久当然就会变焦黑了。

Q2: 有没有方法可以让煎饼更快熟？

A2: 煎制过程中加盖可让煎饼内部较快熟透，但因加盖会有水汽残留在煎饼中，此时煎饼口感是"软"的，因此开盖后需再用小火煎至水汽蒸发，这样一来，煎饼才会有"酥"的口感。

Q3: 煎饼要怎么煎才不会粘锅？

A3: 做煎饼时可选用不粘锅，在煎饼时用油量也不需太多，过程中要等煎饼底部的面糊变金黄色，就可略转动面饼，使受热均匀一致，煎得更漂亮也不易粘锅。

Q4: 煎饼要怎么样判断是不是熟了？

A4: 可用竹签判断熟度。如果不知道煎饼内部到底熟透了没，这时我们可以取一根竹签，轻轻地从煎饼中央插入再取出，如果竹签上沾有面糊，那就是中间内部还未熟，需再多煎一会儿，反之若是竹签，上面没有任何痕迹，就是中间面糊已经凝固熟透，代表已经煎熟。

Q6: 煎饼若煎到一半时粘锅了该怎么办？

A6: 煎饼会粘锅通常有几个原因，一种是锅具使用不锈钢锅，没有"不粘锅"的功能；另一种原因是油放太少，油无法包覆住面糊，所以便粘锅了。如果煎到一半时发现粘锅，绝对不要再继续煎下去，否则粘锅的情形只会越来越严重。正确的方式是先将煎饼盛起，把锅清洗干净、重新热锅加油后，再把煎饼重新放入续煎即可。

Q5: 煎饼翻面就散掉而且没有煎熟？

A5: 煎饼如果一面没有先煎定型，翻面时就容易散掉，因此一定要将煎饼一面煎到半熟定型后，才能翻面继续煎，并且用锅铲将煎饼略为压扁、压紧实。如果是一面还未定型，就心急翻面，如此翻来翻去，当然就容易散开。同时要用小火慢煎，并且不断转动煎饼，让其表面全部受热均匀，两面道理皆同，且要注意煎饼厚度不要太厚，太厚时需稍微压扁。

193 韩式海鲜煎饼

材料

乌贼1尾、虾仁80克、鲟味棒6根、韭菜30克、蒜仁2颗、红辣椒1/2个、葱1根

面糊

中筋面粉120克、淀粉30克、鸡蛋2个、水80毫升

调味料

白芝麻1小匙、盐少许、白胡椒少许

做法

1. 乌贼洗净切小圈；虾仁切小丁；鲟味棒对切；韭菜洗净切小段；蒜仁、红辣椒、葱都洗净切小片，备用（见图1）。
2. 将面糊材料混合搅拌均匀稍静置约15分钟（见图2），再将韭菜段、蒜片、红辣椒片、葱片与所有调味料一起加入面糊中，轻轻搅拌均匀（见图3）。
3. 热平底锅，加入1大匙色拉油，再加入调制好的面糊（见图4），立刻将做法1的海鲜料放在面糊上（见图5），以小火煎至双面上色，再取出切成适当大小的等份即可。

194 综合野菜煎饼

🍅 **材料**

南瓜40克、紫地瓜30克、山药30克、西蓝花30克、胡萝卜15克、圆白菜50克、山芹菜20克、小白菜40克、珠葱10克、干香菇1朵

🍆 **面糊**

中筋面粉80克、玉米粉30克、水130毫升

🧂 **调味料**

盐1/4小匙、香菇粉1/4小匙、胡椒粉少许

🍲 **做法**

1. 所有材料洗净，切小块、小片或切丝；香菇泡软切丝；南瓜片、紫地瓜、山药、胡萝卜放入沸水中，氽烫约1分钟捞起待微凉，备用。
2. 中筋面粉、玉米粉过筛，加入水一起搅拌均匀成糊状，静置约30分钟，备用。
3. 在面糊中加入所有调味料及所有配料拌匀，即为综合野菜面糊，备用。
4. 取一平底锅加热，倒入适量色拉油，再加入综合野菜面糊，用小火煎至两面皆金黄熟透即可。

195 蔬菜蛋煎饼

🍅 **材料**

面糊1杯、鸡蛋2个、圆白菜150克、胡萝卜丝30克、葱丝1/6小匙、盐1/6小匙

🍆 **面糊**

中筋面粉100克、盐2克、水150毫升、色拉油15毫升、鸡蛋1个、葱花30克

🍲 **做法**

1. 先将面糊材料的中筋面粉与盐混合，加入水及色拉油搅拌均匀并拌打至有筋性，再加入葱花及鸡蛋拌匀，即为面糊。
2. 圆白菜洗净后切小块；鸡蛋打散后加入盐及胡萝卜丝、葱丝及圆白菜块拌匀成蔬菜蛋液，备用。
3. 取一平底锅，加入1大匙色拉油热锅，倒入1/2杯面糊，用煎铲摊平成直径约20厘米的煎饼。
4. 将蔬菜蛋液倒至煎饼上，转小火慢煎至蛋液略定型。
5. 淋上另1/2杯面糊，并小心翻面，以小火煎约3分钟至熟即可。

196 圆白菜培根煎饼

面饼篇

温水面团饼 · 冷水面团饼 · 发酵面团饼 · 面糊煎饼 · 其他

🥬 材料

圆白菜丝200克、胡萝卜丝20克、培根丁50克、蒜末10克

🍆 面糊

中筋面粉90克、粘米粉40克、水160毫升

🧂 调味料

盐1/4小匙、鸡粉少许、胡椒粉少许

🍚 做法

1. 中筋面粉、粘米粉过筛，再加入水一起搅拌均匀成糊状，静置约40分钟，备用。
2. 在面糊中加入所有调味料及所有材料拌匀，即为圆白菜培根面糊，备用。
3. 取一平底锅加热，倒入适量色拉油，再加入圆白菜培根面糊，用小火煎至两面皆金黄熟透即可。

197 圆白菜葱煎饼

🥬 材料

中筋面粉………150克
细盐…………………4克
冷水…………200毫升
色拉油………15毫升
葱花…………………20克
圆白菜丝………60克

🍚 做法

1. 将中筋面粉及细盐放入盆中，分次加入冷水及15毫升色拉油搅拌均匀，拌打至有筋性后，再加入葱花及圆白菜丝拌匀成面糊备用。
2. 取平底锅加热后，加入约2大匙色拉油（材料外），取一半面糊入锅摊平，以小火煎至两面金黄即可（重复此步骤，至面糊用完）。

198 韭菜煎饼

🥔 **材料**

韭菜150克

🍆 **面糊**

低筋面粉80克、玉米粉40克、鸡蛋1个（取一半蛋液）、水140毫升

🧂 **调味料**

盐1/4小匙、鸡粉少许、胡椒粉少许

🍲 **做法**

1. 韭菜洗净、切长段（长度略短于锅长），备用。
2. 低筋面粉、玉米粉过筛，再加入水及蛋液一起搅拌成糊状，静置约30分钟，再加入所有调味料拌匀成面糊，备用。
3. 取一平底锅加热，倒入适量色拉油，排放入韭菜段，再倒入面糊使其均匀布满锅面，用小火煎至两面皆金黄熟透即可。

199 金枪鱼煎饼

🥔 **材料**

金枪鱼	1罐（160克）
玉米粒	60克
葱花	20克
洋葱末	30克

🍆 **面糊**

中筋面粉	80克
玉米粉	40克
水	140毫升

🧂 **调味料**

盐	少许
鸡粉	1/4小匙
胡椒粉	少许

🍲 **做法**

1. 中筋面粉、玉米粉过筛，再加入水一起搅拌均匀成糊状，静置约30分钟，备用。
2. 在面料中加入所有调味料及所有材料拌匀，制成金枪鱼面糊，备用。
3. 取一平底锅加热，倒入适量色拉油，再加入金枪鱼面糊，用小火煎至两面皆金黄熟透即可。

200 辣味章鱼煎饼

材料
圆白菜片150克、章鱼块100克、玉米粒30克、葱花25克、洋葱末15克

面糊
中筋面粉90克、玉米粉30克、水150毫升

调味料
辣椒酱1大匙、盐1/4小匙、柴鱼粉1/4小匙、味醂1小匙

做法
1. 中筋面粉、玉米粉过筛，再加入水一起搅拌均匀成糊状，静置约40分钟，备用。
2. 在面料中加入所有调味料及所有材料拌匀，制成辣味章鱼面糊，备用。
3. 取一平底锅加热，倒入适量色拉油，再加入辣味章鱼面糊，用小火煎至两面皆金黄熟透即可。

201 吻鱼韭菜煎饼

材料
吻鱼100克、韭菜100克、蒜末5克、姜末5克

面糊
鸡蛋1个、中筋面粉70克、地瓜粉20克、水100毫升

调味料
盐少许、糖少许、胡椒粉少许、香油1小匙

做法
1. 吻鱼洗净、沥干；韭菜洗净切末，备用。
2. 将中筋面粉、地瓜粉放入容器中，加入水拌匀，再加入鸡蛋打散拌匀，静置约15分钟制成面糊，备用。
3. 在面糊中加入所有调味料拌匀，再放入蒜末、姜末、吻鱼及韭菜，接着搅拌均匀，制成吻鱼韭菜面糊，备用。
4. 取一平底加热，倒入适量色拉油，再加入吻鱼韭菜面糊，用小火煎至两面皆金黄熟透即可。

202 彩椒肉片煎饼

材料

肉片100克、洋葱丝30克、青椒丝40克、黄甜椒丝35克、红甜椒丝35克

面糊

中筋面粉80克、玉米粉25克、水120毫升、蛋液10克

调味料

盐1/4小匙、鸡粉少许、胡椒粉少许

做法

1. 热锅，加入少许色拉油，放入洋葱丝爆香，再加入肉片拌炒至颜色变白，加入少许盐（分量外）拌匀，盛出备用。
2. 中筋面粉、玉米粉过筛，加入水一起搅拌均匀成糊状，静置约30分钟，再加入所有调味料及青椒丝、黄甜椒丝、红甜椒丝、做法1的材料混合拌匀，即成彩椒肉片面糊，备用。
3. 取一平底锅加热，倒入适量色拉油，再加入彩椒肉片面糊，用小火煎至两面皆金黄熟透即可。

203 胡萝卜丝煎饼

材料

胡萝卜丝100克、蒜苗丝25克

面糊

中筋面粉50克、玉米粉20克、糯米粉30克、鸡蛋1个（搅散成蛋液）、胡萝卜丝150克、水120毫升

调味料

盐1/4小匙、香菇粉少许、胡椒粉少许

做法

1. 热锅，加入色拉油，放入蒜苗丝炒香，再加入胡萝卜丝炒软后取出，备用。
2. 取150克胡萝卜丝放入果汁机中，加入120毫升的水一起打成胡萝卜汁，备用。
3. 中筋面粉、玉米粉、糯米粉过筛，再加入胡萝卜汁一起搅拌均匀成糊状，静置约30分钟，再加入蛋液、所有调味料及做法1的材料拌匀，即成胡萝卜丝面糊，备用。
4. 取一平底锅加热，倒入适量色拉油，再加入胡萝卜丝面糊，用小火煎至两面皆金黄熟透即可。

204 菠菜煎饼

 材料

菠菜150克、色拉油2大匙

面糊

中筋面粉100克、糯米粉50克、水150毫升

调味料

盐1小匙

做法

1. 将所有面糊材料调匀成面糊，静置约20分钟备用。
2. 菠菜洗净，用沸水汆烫约1分钟后捞起冲凉，再挤干水分并切成小段备用。
3. 将菠菜段、盐与面糊一起调匀。
4. 热锅，加入色拉油，再均匀倒入调匀的面糊，以小火煎约1分钟让面糊稍微凝固后翻面，用锅铲用力压平、压扁面饼，并不时用锅铲转动面饼，煎至表面呈金黄色时翻面，将另一面也煎至呈金黄色即可。

205 墨鱼泡菜煎饼

 材料

墨鱼100克、韩式泡菜80克、韭菜20克、蒜末5克

面糊

中筋面粉100克、糯米粉30克、水130毫升、蛋液10克

 调味料

盐少许、糖1/4小匙

做法

1. 墨鱼洗净切小片；韩式泡菜挤汁切小段；韭菜洗净切小段，分头部与尾部，备用。
2. 热锅，倒入1大匙色拉油，爆香蒜末与韭菜头部，接着放入墨鱼片与所有调味料快速拌炒至约五分熟，取出备用。
3. 将中筋面粉、糯米粉放入容器中，加入水拌匀，再加入蛋液拌匀，静置约15分钟，再加入炒好的材料、泡菜段、韭菜尾部拌匀，即成墨鱼泡菜面糊，备用。
4. 取一平底锅加热，倒入适量色拉油，再加入墨鱼泡菜面糊，用小火煎至两面皆金黄熟透即可。

面饼篇 · 温水面团饼 · 冷水面团饼 · 发酵面团饼 · 面糊煎饼 · 其他

153

206 墨鱼芹菜煎饼

材料
墨鱼片120克、芹菜末50克、青蒜丝40克、红辣椒丝10克、胡萝卜丁15克

面糊
低筋面粉80克、糯米粉20克、地瓜粉30克、水160毫升

调味料
盐1/4小匙、糖少许、胡椒粉少许、乌醋少许

做法
1. 将胡萝卜丁放入沸水中汆烫一下，再放入墨鱼片汆烫一下，捞出备用。
2. 将低筋面粉、糯米粉、地瓜粉过筛，再加入水一起搅拌均匀成糊状，静置约40分钟，备用。
3. 加入所有调味料及所有配料拌匀，即成墨鱼芹菜面糊，备用。
4. 取一平底锅加热，倒入适量色拉油，再加入墨鱼芹菜面糊，用小火煎至两面皆金黄熟透即可。

207 银鱼苋菜煎饼

材料
银鱼	60克
玉米粒	50克

面糊
中筋面粉	80克
糯米粉	20克
澄粉	20克
苋菜叶	130克
水	120毫升
盐	少许

调味料
胡椒粉	少许
糖	少许
香油	1/2小匙

做法
1. 苋菜叶洗净放入果汁机中，加入水、盐一起打成苋菜汁，备用。
2. 中筋面粉、糯米粉、澄粉过筛，加入苋菜汁一起搅拌均匀成糊状，静置约30分钟，再加入所有调味料、银鱼及玉米粒拌匀，即成吻鱼苋菜面糊，备用。
3. 取一平底锅加热，倒入适量色拉油，再加入银鱼苋菜面糊，用小火煎至两面皆金黄熟透即可。

208 大阪烧

🍚 **材料**

猪肉片70克、圆白菜130克、胡萝卜30克、葱1根、红辣椒1个

🍆 **面糊**

水100毫升、鸡蛋2个、低筋面粉130克、山药泥180克

🧂 **调味料**

A. 盐少许、黑胡椒少许
B. 柴鱼片1大匙、海苔粉1大匙、七味辣椒粉1小匙、烧肉酱2大匙、蛋黄酱适量

🥢 **腌料**

蒜末1粒、香油少许、米酒1小匙、酱油1小匙、淀粉少许

🍲 **做法**

1. 猪肉片以所有腌料腌渍10分钟；圆白菜、胡萝卜洗净切丝；红辣椒与葱洗净切碎，备用。
2. 将面糊的所有材料搅拌均匀，静置约15分钟，再将做法1的材料与调味料A加入调好的面糊中，轻轻地搅拌均匀。
3. 热平底锅，加入1大匙油，加入面糊，以中小火煎至双面呈金黄色后取出盛盘，加入调味料B即可。

209 广岛烧

🍚 **材料**

肉片80克、圆白菜丝50克、豆芽菜30克、樱花虾1小匙、洋葱丝20克、葱花1大匙、油面80克、鸡蛋1个

🧂 **调味料**

鲣鱼酱油1小匙、味醂1小匙、糖1/4小匙

🍆 **面糊**

中筋面粉100克、粘米粉30克、水160毫升、盐1/2小匙

🍲 **做法**

1. 取一炒锅，加入少许油，将圆白菜丝、洋葱丝、豆芽菜、樱花虾、肉片和油面炒香，加入所有调味料炒匀，备用。
2. 将面糊的所有材料搅拌均匀备用。
3. 取一平底锅，倒入2大匙油烧热，再倒入做法2的面糊煎至半成型后，放入做法1的材料煎脆，最后加入打散的鸡蛋，煎至鸡蛋呈金黄色即可。

210 摊饼皮

🥢 **材料**

中筋面粉300克、盐6克、水450毫升、葱花30克

🍚 **做法**

1. 将中筋面粉过筛入大盆中，加盐稍微拌匀后，倒入水拌匀，再以筷子拌打至面糊略浓稠有筋性，最后加入葱花拌匀备用（见图1~3）。

2. 取平底锅，倒入约1大匙油烧热，分次（大约分5次）倒入适量拌好的摊饼面糊（见图4），稍稍转动锅身，让面糊可平均摊平（见图5），再以小火将饼皮煎至两面微黄即可（见图6）。

211 葱蛋饼

 材料

摊饼··················1个
（做法请见P156）
鸡蛋··················1个
辣椒酱············少许

做法

1. 鸡蛋打入碗中搅散备用。
2. 取平底锅，倒入约1大匙油烧热，放入摊饼以中小火煎至金黄，盛出备用。
3. 锅继续烧热，倒入蛋液，盖上煎好的摊饼煎至香味溢出，先翻面后，再以小火续煎约1分钟。
4. 食用前淋上辣椒酱即可。

212 蔬菜摊饼

材料

摊饼··················1个
（做法请见P156）
鸡蛋··················3个
圆白菜··········100克

调味料

盐··············· 1/6小匙

做法

1. 圆白菜洗净后切丝备用。
2. 鸡蛋打入碗中打散后加入盐及圆白菜丝拌匀成蔬菜蛋液备用。
3. 取平底锅，加入1大匙油烧热，放入摊饼煎至金黄，再加入蔬菜蛋液，小火慢煎至蛋液凝固定型后翻面，继续煎约2分钟至熟透，盛出切片即可。

213 锅饼

材料

中筋面粉………100克
鸡蛋………………1个
吉士粉…………10克
水…………150毫升

做法

1. 将中筋面粉和吉士粉混合过筛入盆中（见图1），倒入水拌匀，再以筷子拌打至面糊略浓稠有筋性（见图2~3），加入鸡蛋拌匀备用（见图4~5）。

2. 取平底锅，抹上少许油烧热，倒入一半面糊摊平（见图6），以小火将单面煎至微黄后盛出，重复前述做法，煎好另一片饼皮即可。

214 豆沙锅饼

材料

锅饼2个（做法请见P158）、豆沙40克、花生粉适量

做法

1. 将豆沙放入蒸笼中蒸软后，分成两等份备用（见图1）。
2. 锅饼皮摊平，均匀抹上豆沙（见图2），从左右两边各1/3的位置折至中心线后，再对折成长条形备用（见图3）。
3. 取平底锅，加入1大匙油烧热，放入豆沙锅饼以小火煎至两面金黄（见图4~5），取出切小块盛盘，食用前撒上花生粉即可。

美味秘诀

　　锅饼还要包馅再煎一次，所以煎饼皮时不需要煎太久，只要饼皮的颜色均匀熟了即可起锅，煎太久水分会散失过多，再次煎就会失去酥软的口感，变得越来越脆硬。

215 润饼皮

🥟材料

高筋面粉⋯⋯⋯600克
水⋯⋯⋯⋯⋯550毫升
盐⋯⋯⋯⋯⋯10克

🍚做法

1. 将高筋面粉过筛至大盆中备用（见图1）。
2. 将水和盐加入盆中，以双手混合至完全吸收成面糊（见图2），继续搅拌至面糊黏稠且有弹，盖上保鲜膜放入冰箱冷藏一晚，再取出退冰备用。
3. 将大平底锅开小火烧热，以沾油的厨房纸巾，在锅面均匀抹上少许（见图3），再以手抓取适量面糊，以画圆的方式薄薄地抹在烧热的锅面上（见图4）。
4. 继续加热至饼皮均匀变成白色且边缘翘起（见图5），再从边缘轻轻挑起整张饼皮，重复上述做法至面糊用完即可。

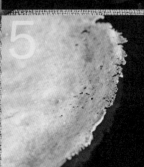

美味秘诀

润饼皮是以面糊做出来的饼皮，但吃起来却非常有嚼劲。要让面糊的筋性高，除了使用高筋面粉提高面糊的筋度，制作过程也要避免会破坏筋度发展的动作，比如搅拌的过程中不能使用打蛋器，应该以双手抓拌，适度且温和的搅打即可。

美味秘诀

不想要润饼馅料水分太多，也可以在炒的时候多下功夫，将酸菜炒透一点，炒得干干香香，就能减少馅料的水分。

216 酸菜润饼

 材料

润饼皮4张、酸菜150克、辣椒末5克、蒜末适量、五花肉150克、大白菜250克、虾皮10克、豆皮3片、蛋皮丝1张、花生粉（含糖）适量

调味料

盐1/4小匙、鸡粉1/4小匙、白胡椒粉少许

做法

1. 酸菜泡水洗净切细，放入干锅中炒香，再加入适量油、辣椒末和蒜末炒香盛起备用。

2. 锅中再加少许油，放入虾皮爆香，放入切粗丝的大白菜，加入所有调味料炒匀备用。

3. 豆皮撒上少许盐和黑胡椒粉（分量外），放入烧热的锅中，煎至焦香后切丝；五花肉放入沸水烫熟，切丝备用。

4. 取润饼皮铺在盘子上，撒上花生粉，再放上豆皮丝、蛋皮丝、汆烫熟的五花肉丝、大白菜和酸菜，包卷起来。重复此做法直到材料用完即可。

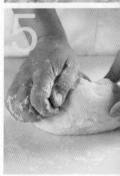

美味秘诀

　　老面面团的制作关键就是要培养"面种"，也就是"老面"，面种的原理是由发酵面团演变而来，发酵面团继续发酵约3天变成面种，再添加在新面团中成为特殊的风味。

217 老面面团

材料

A.
中筋面粉········· 300克
面种··············· 150克
水 ············· 100毫升
B.
细砂糖············· 40克
泡打粉·············· 5克
中筋面粉·········· 80克
碱水·············· 5毫升

做法

1. 将材料A面粉中间拨开筑成粉墙，再将面种及水加入面粉中间（见图1）。
2. 将做法1的材料揉至表面光滑成团后，放入盆里盖上湿布（或盖子）以防止表皮干硬，静置室温下约6小时待发酵备用（见图2~3）。
3. 将发酵好的面团取出置于桌面上，加入细砂糖、碱水，揉至糖溶化无颗粒状，再加入泡打粉及80克中筋面粉（可依所需软硬度调节面粉的加入量，最多不超过120克）揉匀。
4. 将面团揉至表面光滑即可（见图4~5）。

218 烙大饼

 材料

老面面团……… 300克
（做法请见P162）
无盐奶油………30克

 做法

1. 将老面面团与无盐奶油混合揉匀，再擀成直径约25厘米的圆饼。
3. 取一平底煎锅，以小火热锅后，将面饼放入，盖上锅盖，用小火干烙约6分钟，至表面金黄酥脆后翻面，继续烙约6分钟，至两面皆呈金黄色即可。

219 开口笑

材料

低筋面粉………150克
猪油……………18克
小苏打…………2.5克
细砂糖…………50克
鸡蛋……………1/2个
水……………50毫升
白芝麻…………50克

做法

1. 将面粉中间拨开筑成粉墙，再将细砂糖、猪油、鸡蛋及小苏打加入面粉中间，将水慢慢倒入中间并拌匀成面团。
2. 将面团揉匀后，分割成每个约12克的小面团，表面沾上白芝麻并搓成球形。
3. 热一锅油至油温约120℃，将面团放入，以小火油炸至裂开一小口后，再转中火炸至表面呈金黄色，捞起沥干油即可。

220 核桃酥

🥔材料

高筋面粉……… 450克
糖粉…………… 300克
猪油…………… 225克
小苏打 ……………2克
阿摩尼亚………3克
蛋液 …………… 200克
核桃片 …………25片
蛋黄液 ………… 少许

🍲做法

1. 将面粉中间拨开筑成粉墙，将糖粉、猪油、阿摩尼亚及小苏打加入面粉中间处，分次加入蛋液并与猪油拌匀，再将周围面粉拨入，轻轻按压至均匀后揉成面团（见图1~2）。

2. 将面团分成25等份（见图3），分别滚圆后稍压扁，依序放入烤盘中，并在每个中心处用拇指压出一凹陷，再在表面刷上蛋黄液（见图4），将核桃片轻轻压入中心凹陷处（见图5）。

3. 烤箱预热，温度调至上火250℃、下火250℃，放入核桃酥，烤焙约5分钟后，调整温度成上火180℃、下火180℃，继续烤焙约15分钟，至表面呈金黄色即可。

221 菊花酥

🌰 材料

A. 中筋面粉300克、猪油90克、细砂糖20克、水150毫升
B. 低筋面粉200克、猪油100克
C. 红豆沙300克、蛋黄1颗

🍚 做法

1. 将材料A的中筋面粉、猪油及细砂糖放入钢盆中，加入水拌匀，揉至起筋成团为油皮，醒20分钟备用。
2. 材料B的低筋面粉及猪油放进钢盆搓匀成团为油心静置备用。
3. 将油皮分成20克的小团，包入15克油心制成酥皮面团。
4. 将酥皮面团擀开成长条形后，由一边向内卷成长圆筒形，压平擀开后卷起成小面团，再压平擀成直径约5厘米的圆饼皮。
5. 每张饼皮包入20克豆沙，包好后压平成厚约1厘米的圆形饼，在饼边缘离中心1/2处均匀切12刀，再将切口转至朝上成菊花形。
6. 在饼的中心处涂上蛋黄，烤箱预热至上下火均为210℃，将酥饼放入烤箱烤约15分钟至熟即可。

🌰 材料

A. 中筋面粉300克、猪油90克、细砂糖20克、水150毫升
B. 低筋面粉200克、猪油100克
C. 豆沙300克、细砂糖3大匙、食用红色素水3毫升

🍚 做法

1. 将材料A的中筋面粉、猪油及细砂糖放入钢盆中，加入水拌匀，揉至起筋成团为油皮，醒20分钟备用。
2. 将材料B的低筋面粉及猪油放进钢盆搓匀成团即为油心，静置备用。
3. 将油皮分成25克的小团，包入15克油心成酥皮面团。
4. 将酥皮面团擀开成长条形后，由一边向内卷长圆筒形，压平擀开后卷起成小面团，再压平擀成直径约5厘米的圆饼皮。
5. 每张饼皮包入20克的豆沙，依序包好，用刀在饼的顶端交叉划成6瓣。
6. 热油锅至油温约120℃，将百合酥放至漏勺上入锅小火炸约5分钟至开花，待外观略呈金黄色至熟时取出装盘。
7. 将材料C的细砂糖及色水拌匀后撒至百合酥上即可。

222 百合酥

包子馒头篇

质地膨松柔软、香气蒸腾的包子馒头，只要掌握秘诀，料理新手也会做。

擀出美味的**包子皮**

做好发酵面团后，除了可以拿来做原味馒头，也可以拿来做包子外皮。学会做包子皮之后，只要内馅稍做变化，就能变化出各种不同口味的美味包子，天天换着吃也不腻！现在就跟着大厨学着如何擀出松软、均匀的包子皮吧！（发酵面团的做法请见P105）

1 将醒发好的发酵面团揉成长条状。

2 分切成数等份，切面朝上摆好。

3 将分割好的面团先用手稍微压扁。

4 一只手拉面皮，另一手用擀面棍将面皮压过。

5 延续做法4，力道均匀地用擀面棍将面皮压均匀。

6 均匀的擀出外薄内厚的包子皮即可。

包出漂亮的 包子外形

包法1：包子形

 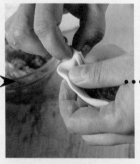 

步骤

1 取包子皮，填入适量的馅料；从其中一端，先慢慢地一摺一摺叠起。

2 继续一摺一摺地将包子皮捏紧；包至最后时，将收口稍微转紧，再捏住即可。

包法2：圆形

步骤

1 填入适量的馅料。

2 用皮包住馅，包成圆形。

3 收口捏紧，朝下放置即可。

包法3：柳叶形

1 取包子皮，填入适量的馅料；从尾端开始捏起。

2 把皮一摺一摺叠起，包成柳叶形；包至最后时，将收口收紧即可。

包法4：三角形

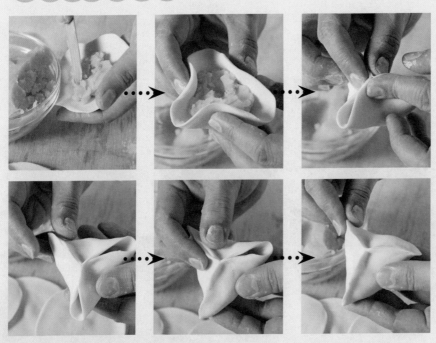

步骤

1 取包子皮，填入适量的馅料；从包子皮三边的中点往前压。

2 继续将步骤1往中心点压紧；最后将三边捏紧即可。

蒸出美味的包子、馒头

一般用发酵面团做的包子、馒头，只有用蒸的做法才能完全表现其蓬松外形。家里用的蒸笼大多是普通小型木制或铁制的，铁制蒸笼方便收纳，但却不如木制蒸笼来得香气十足。

做法

1. 蒸笼内放湿布或不粘纸。
2. 放入包子或馒头，并注意需留好间隔。
3. 锅中放入8分满的水。
4. 待锅内水煮至滚沸。
5. 将蒸笼盖紧放至锅上蒸。（若担心最下层浸水潮湿，可多放一层蒸笼。）

Tips 蒸好的包子或馒头一定要及时移出蒸笼，否则待凉后就会粘纸。当面团发酵不完全时，蒸好后一开盖就会凹陷。

做面食 轻松就上手

223 虾仁鲜肉包

材料

发酵面团1份（做法请见P105）、草虾仁200克、猪肉泥400克、姜末20克、葱花80克

调味料

盐1小匙、细砂糖2小匙、淀粉1大匙、酱油2大匙、米酒30毫升、白胡椒粉1小匙、香油3大匙

做法

1. 虾仁洗净；将猪肉泥与虾仁放入钢盆中，加盐搅拌至有粘性。
2. 继续加入细砂糖及淀粉、酱油、米酒、白胡椒粉拌匀，再加入姜末、葱花、香油拌匀即成虾仁肉馅，备用。
3. 将发酵面团平均分成20份，盖上湿布，醒约20分钟后擀开成圆形。
4. 将面皮分别包入约30克的虾仁肉馅包成包子形。
5. 将包好的包子排放入蒸笼，盖上盖子，静置约30分钟醒发。
6. 开炉火，待蒸汽升起时将醒好的包子以大火蒸约15分钟关火取出即可。

224 圆白菜包

材料

发酵面团1份（做法请见P105）

内馅材料

圆白菜300克、胡萝卜50克、泡发香菇30克

调味料

盐3克、鸡粉4克、细砂糖5克、白胡椒粉1小匙、香油3大匙

做法

1. 圆白菜切成长宽约2厘米的片，放入钢盆中，再放入切细丝的胡萝卜和泡发香菇。
2. 加入所有调味料拌匀即为圆白菜馅。
3. 将发酵面团平均分成每个重约40克的小面团，盖上湿布，醒约20分钟后擀开成圆形面皮，再包入约30克圆白菜馅，包成叶子形。
4. 将包好的包子排放入蒸笼，盖上盖子，静置约30分钟醒发。
5. 开炉火，待蒸汽升起时，将醒好的包子以大火蒸约15分钟即可。

225 小笼包

 材料

发酵面团1份（做法请见P.105）

 内馅材料

猪肉泥600克、姜末20克、葱花200克

调味料

盐6克、鸡粉8克、细砂糖10克、酱油30毫升、料酒30毫升、白胡椒粉1小匙、水100毫升、香油3大匙

做法

1. 猪肉泥放入钢盆中，加盐后搅拌至有粘性。
2. 放入鸡粉、细砂糖、酱油、料酒、白胡椒粉及水调匀，再加入葱花、姜末和香油拌匀，放入冰箱内冰凉即为肉馅。
3. 将发酵面团平均分成每个重约20克的小面团，盖上湿布，醒约20分钟后擀开成圆形面皮，每张面皮包入约20克的肉馅，包成包子形。
4. 将包好的包子排放入蒸笼，盖上盖子，静置约30分钟醒发。
5. 开炉火，待蒸汽升起时将醒好的包子以大火蒸约12分钟即可。

 材料

发酵面团1份（做法请见P105）

 内馅材料

圆白菜600克、猪肉泥300克、姜末20克、葱花40克

调味料

盐3克、鸡粉4克、细砂糖5克、酱油15毫升、米酒20毫升、白胡椒粉1小匙、香油2大匙

226 菜肉包

做法

1. 圆白菜切成长宽约1厘米的片状，加入1小匙盐（分量外）搓揉均匀后，放置20分钟使其脱水，再挤干水分备用。
2. 猪肉泥放入钢盆中，加盐后搅拌至有粘性，放入鸡粉、细砂糖、酱油、米酒和白胡椒粉拌匀。
3. 加入圆白菜和葱花、姜末、香油拌匀后，放入冰箱中冰凉即为菜肉馅。
4. 将发酵面团平均分成每个重约40克的小面团，盖上湿布，醒约20分钟后擀开成圆形面皮，再包入约30克菜肉馅，包成包子形。
5. 将包好的包子排放入蒸笼内，盖上盖子，静置约30分钟醒发。
6. 开炉火，待蒸汽升起时将醒好的包子以大火蒸约15分钟即可。

227 韭菜粉丝包

材料

发酵面团1份（做法请见P105）、韭菜400克、粉条120克、虾皮5克、姜末10克

调味料

盐1小匙、细砂糖2小匙、白胡椒粉1小匙、香油4大匙

做法

1. 将粉条泡水30分钟至完全涨发后，切成长约3厘米的小段（见图1~2）；韭菜洗净沥干后切成长约1厘米的小段（见图3），备用。
2. 将粉条段和韭菜段放入盆中，加入虾皮、香油拌匀，加入姜末、盐、细砂糖、白胡椒粉，拌匀即为韭菜馅（见图4~6）。
3. 将发酵面团均分成20份（见图7），盖上湿布，醒约20分钟，再将醒好的面团擀开成圆形面皮（见图8），每张面皮包入约30克的肉馅（见图9），再一折一折将面皮拉起包成包子形（见图10）。
4. 将包好的包子排放入蒸笼，盖上盖子，静置约30分钟醒发（见图11~12）。
5. 开炉火，待蒸汽升起时将蒸笼放上，以大火蒸约10分钟即可。

材料

发酵面团1份（做法请见P105）

内馅材料

猪肉泥300克、韭菜200克、姜8克、葱12克

调味料

盐4克、细砂糖3克、酱油10毫升、料酒10毫升、白胡椒粉1小匙、香油1大匙

做法

1. 韭菜洗净沥干后切碎；姜洗净切末；葱洗净切碎，备用。
2. 猪肉泥放入钢盆中，加入盐后搅拌至有粘性，加入细砂糖及酱油、绍兴酒拌匀，再加入做法1的所有材料、白胡椒粉及香油拌匀，起锅放凉后放入冰箱冰凉，即为韭菜肉馅。
3. 将发酵面团平均分成每个重约40克的小面团，盖上湿布，醒约20分钟后擀开成圆形面皮，再包入约30克的韭菜肉馅，包成包子形。
4. 将包好的包子排放入蒸笼，盖上盖子，静置约30分钟醒发。
5. 开炉火，待蒸汽升起时，将醒好的包子以大火蒸约15分钟即可。

228 韭菜包

229 竹笋卤肉包

材料

发酵面团1份（做法请见P105）

调味料

酱油4大匙、盐1小匙、细砂糖1大匙、水100毫升

内馅材料

竹笋丁200克、胡萝卜丁80克、猪肉泥100克、红葱头50克、泡发香菇6朵

做法

1. 将竹笋丁及胡萝卜丁放入沸水氽烫约5分钟后捞出冲冷水，待凉后沥干备用。
2. 红葱头切碎，泡发香菇切丁，一起放入加入少许油的热锅中，以小火爆香。
3. 加入猪肉泥、所有调味料和做法1的材料，煮开后转小火煮约5分钟至汤汁收干，取出放凉后，再放入冰箱冰凉即为竹笋卤肉馅。
4. 将发酵面团平均分成每个重约40克的小面团，盖上湿布，醒约20分钟后擀开成圆型面皮，再包入约30克竹笋卤肉馅，包成包子形。
5. 将包好的包子排放入蒸笼，盖上盖子，静置约30分钟醒发。
6. 开炉火，待蒸汽升起时，将醒好的包子以大火蒸约15分钟即可。

230 开洋白菜包

材料

发酵面团1份（做法请见P105）、大白菜1000克、虾米50克、姜末30克

调味料

盐1小匙、细砂糖1小匙、白胡椒粉1/2小匙、香油2大匙

做法

1. 先将大白菜洗净切块，然后煮一锅沸水，将大白菜段入锅煮约1分钟后取出沥干放凉；将虾米入锅氽烫1分钟后冲凉；沥干备用。
2. 将放凉的大白菜挤干水分后切细，再用手将多余水分挤干。
3. 将大白菜与虾米放入盆中，加入所有调味料拌匀，即成开洋白菜馅。
4. 将发酵面团平均分成20份，盖上湿布，醒约20分钟后擀开成圆形面皮。
5. 在每一张圆形面皮中包入约30克的开洋白菜馅，包成包子形。
6. 将包好的包子排放入蒸笼，盖上盖子，静置约30分钟醒发。
7. 开炉火，待蒸汽升起时将醒好的包子以大火蒸约15分钟关火取出即可。

231 雪里红肉包

材料

发酵面团1份（做法请见P105）、雪里红1000克、姜末40克

调味料

盐1小匙、细砂糖1小匙、白胡椒粉1小匙、香油3大匙

做法

1. 先将雪里红洗净，再挤干水分切碎。
2. 热锅，先加入3大匙色拉油，以小火爆香姜末，放入雪里红碎、盐和细砂糖，以中火持续炒约3分钟，盛出放凉后再放入冰箱冰凉，即成雪菜馅。
3. 将发酵面团平均分成20份，盖上湿布，醒约20分钟后擀开成圆形面皮。
4. 在每一张圆形面皮包入约30克的雪里红馅，包成包子形。
5. 将包好的包子排放入蒸笼，盖上盖子，静置约30分钟醒发。
6. 开炉火，待蒸汽升起时将醒好的包子以大火蒸约10分钟关火取出即可。

232 上海青包

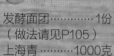 材料

发酵面团............1份
（做法请见P105）
上海青..........1000克
肥猪肉末..........50克
姜末...............30克

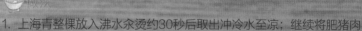 调味料

盐................1小匙
细砂糖............1小匙
白胡椒粉..........1小匙
香油..............2大匙

做法

1. 上海青整棵放入沸水汆烫约30秒后取出冲冷水至凉；继续将肥猪肉末入锅汆烫约20秒，再捞起冲凉沥干备用。
2. 将汆烫好的上海青挤干后切碎，再用布巾将上海青水分挤干。
3. 将挤干的上海青与肥猪肉末放入盆中，加入所有调味料拌匀即成上海青馅。
4. 将面团均分成20份，盖上湿布，醒约20分钟后擀开成圆形面皮。
5. 在每一张圆形面皮中包入约30克的上海青馅，包成包子形。
6. 将包好的包子排放入蒸笼，盖上盖子，静置约30分钟醒发。
7. 开炉火，待蒸汽升起时将醒好的包子以大火蒸约10分钟关火取出即可。

233 广式叉烧包

 面皮材料

A. 速溶酵母4克、水160克
B. 低筋面粉280克、玉米粉120克、细砂糖80克、猪油40克
C. 泡打粉10克

🍆 内馅材料

A. 叉烧肉200克、蚝油1大匙
B. 盐1/2小匙、细砂糖1大匙、酱油2大匙、香油1大匙、水1杯
C. 玉米粉少许、水少许

🍲 做法

1. 将面皮材料A一起搅拌至溶化，再加入面皮材料B所有材料拌匀，揉至面团光滑，再静置醒1~1.5小时。
2. 在面团内加入面皮材料C揉匀后，静置醒约15分钟。
3. 将叉烧肉切成小丁；将内馅材料C调成玉米粉水备用。
4. 取一锅，热锅后倒入少许油将叉烧肉及蚝油一起炒香，再加入内馅材料B以中小火煮沸后，淋上玉米粉水勾薄芡，放凉即成叉烧馅。
5. 将面团平均分成每个重约30克的小面团并分别擀成圆扁状，包入适量叉烧馅成叉烧包，收口朝上放于垫纸上。
6. 将叉烧包放入水已煮沸的蒸笼，用中火（接近大火）的火候蒸10~12分钟即可。

234 韩式泡菜肉包

🍅 材料

发酵面团1份（做法请见P105）、韩式泡菜400克、猪肉泥300克、葱花40克、姜末20克

🧂 调味料

盐1/4小匙、细砂糖2小匙、酱油1大匙、米酒20毫升、白胡椒粉1小匙、香油2大匙

🍲 做法

1. 将韩式泡菜挤干后（汤汁留用）切碎备用；猪肉泥放入钢盆中，加入盐后搅拌至有粘性。
2. 加入细砂糖及酱油、米酒、白胡椒粉及泡菜汁（约80毫升）拌匀，再加入泡菜、葱花、姜末、香油拌匀即成泡菜肉馅。
3. 将发酵面团平均分成20份，盖上湿布，醒约20分钟后擀开成圆形面皮。
4. 在每一张圆形面皮中包入约30克的泡菜肉馅，包成包子形。
5. 将包好的包子排放入蒸笼，盖上盖子，静置约30分钟醒发。
6. 开炉火，待蒸汽升起时将醒好的包子以大火蒸约15分钟关火取出即可。

材料

发酵面团1份（做法请见P105）

调味料

盐1小匙、细砂糖3大匙

内馅材料

酸菜200克、红辣椒丝50克、姜丝40克、猪肉丝100克

做法

1. 酸菜洗净后切丝，备用。
2. 热锅下少许油，以小火爆香红辣椒丝及姜丝，加入猪肉丝炒散。
3. 加入酸菜丝及所有调味料，以中火持续炒约5分钟至汤汁收干，起锅放凉后放入冰箱冰凉，即成酸菜肉丝馅。
4. 将发酵面团平均分成每个重约40克的小面团，盖上湿布，醒约20分钟后擀开成圆形面皮，再包入约30克的酸菜肉丝馅，包成包子形。
5. 将包好的包子排放入蒸笼，盖上盖子，静置约30分钟醒发。
6. 开炉火，待蒸汽升起时，将醒好的包子以大火蒸约10分钟即可。

235 酸菜包

236 梅干菜包

材料

发酵面团1份（做法请见P105）

调味料

酱油4大匙、盐1/4小匙、细砂糖1大匙、水100毫升

内馅材料

梅干菜200克、猪肉泥150克、蒜末20克、姜末30克、红辣椒末20克

做法

1. 梅干菜泡水约30分钟后洗净，沥干切小段备用。
2. 热锅下少许油，小火爆香姜末、红辣椒末和蒜末。
3. 加入猪肉泥、所有调味料及梅干菜段，煮沸后转小火煮约5分钟至汤汁收干，取出放凉后，再放入冰箱内冰凉即为梅干菜肉馅。
4. 将发酵面团平均分为每个重约40克的小面团，盖上湿布，醒约20分钟后擀开成圆形面皮，再包入约30克梅干菜肉馅，包成包子形。
5. 将包好的包子排放入蒸笼，盖上盖子，静置约30分钟醒发。
6. 开炉火，待蒸汽升起时，将醒好的包子以大火蒸约15分钟即可。

237 香菇鸡肉包

材料

发酵面团1份（做法请见P105）、鸡腿肉500克、泡发香菇10朵、竹笋100克、姜末30克、葱花50克

调味料

盐1小匙、料酒2大匙、细砂糖1大匙、白胡椒粉1小匙、淀粉1大匙、香油2大匙

做法

1. 香菇泡发洗净，切丁；鸡腿肉切成小丁；竹笋放入沸水中氽烫约1分钟后捞出冲冷水，待凉后沥干，切小丁，备用。
2. 将鸡腿肉丁放入盆中，加入盐后摔打搅拌至有粘性，加入细砂糖、淀粉、料酒、白胡椒粉及香菇丁拌匀，加入竹笋丁、葱花、姜末、香油拌匀，盖上保鲜膜备用。
3. 将发酵面团平均分成20份，盖上湿布，醒约20分钟后擀开成圆形面皮。
4. 在每一张圆形面皮中包入约30克的鸡肉馅，包成包子形。
5. 将包好的包子排放入蒸笼，盖上盖子，静置约30分钟醒发。
6. 开炉火，待蒸汽升起时将醒好的包子以大火蒸约15分钟关火取出即可。

材料

发酵面团1份（做法请见P105）、圆白菜600克、猪肉泥300克、葱花40克、姜末20克

调味料

盐1/2小匙、沙茶酱5大匙、细砂糖2小匙、米酒30毫升、白胡椒粉1小匙、香油2大匙

做法

1. 圆白菜洗净，切成约1厘米见方的片状，加入1小匙的盐（分量外）搓揉均匀后放置20分钟脱水，再将水分挤干备用。
2. 猪肉泥放入钢盆中，加入盐后搅拌至有粘性。
3. 猪肉泥中加入沙茶酱、细砂糖、米酒和白胡椒粉拌匀，再加入圆白菜片、葱花、姜末和香油拌匀，即成沙茶肉馅。
4. 将发酵面团平均分成20份，盖上湿布，醒约20分钟后擀开成圆形面皮。
5. 在每一张圆形面皮中包入约30克的沙茶肉馅，成包子形。
6. 将包好的包子排放入蒸笼，盖上盖子，静置约30分钟醒发。
7. 开炉火，待蒸汽升起时将醒好的包子以大火蒸约15分钟关火取出即可。

238 沙茶菜肉包

239 黑椒烧肉包

 材料

发酵面团1份（做法请见P105）、猪肉泥500克、姜末20克、葱花200克

调味料

盐1/2小匙、细砂糖1小匙、酱油2大匙、米酒30毫升、黑胡椒粒3大匙、香油3大匙

做法

1. 先将猪肉泥放入钢盆中，加盐后搅拌至有粘性。
2. 加入细砂糖、酱油、米酒和黑胡椒粒后拌匀，再加入姜末、葱花和香油拌匀，即成黑胡椒肉馅。
3. 将发酵面团平均分成20份，盖上湿布，醒约20分钟后擀开成圆形面皮。
4. 在每一张圆形面皮中，包入约30克的黑椒烧肉馅，包成包子形。
5. 将包好的包子排放入蒸笼，盖上盖子，静置约30分钟醒发。
6. 开炉火，待蒸汽升起时将醒好的包子以大火蒸约15分钟关火取出即可。

240 杏鲍菇肉包

材料

发酵面团1份（做法请见P105）、猪肉泥400克、杏鲍菇200克、姜末30克、葱花50克

调味料

盐1小匙、细砂糖1大匙、料酒2大匙、白胡椒粉1小匙、香油2大匙

做法

1. 先将杏鲍菇洗净，切成约2厘米见方的丁，放入沸水中余烫约1分钟后捞出冲冷水，待凉后挤干水分备用。
2. 猪肉泥放入盆中，加入盐后搅拌至有粘性，继续加入细砂糖、料酒和白胡椒粉拌匀，最后加入杏鲍菇丁、姜末、葱花和香油拌匀，即成杏鲍菇肉馅。
3. 将面团平均分成20份，盖上湿布，醒约20分钟后擀开成圆形面皮。
4. 在每一张圆形面皮中包入约30克的肉馅，包成包子形。
5. 将包好的包子排放入蒸笼，盖上盖子，静置约30分钟醒发。
6. 开炉火，待蒸汽升起时将醒好的包子以大火蒸约15分钟关火取出即可。

241 香葱肉松包

材料

发酵面团············1份
（做法请见P105）
肉松············400克
葱花············150克

调味料

香油············2大匙

做法

1. 将葱花放入盆中，先加入香油拌匀，再加入肉松拌匀成馅。
2. 将面团平均分成20份，盖上湿布，醒约20分钟后擀开成圆形面皮。
3. 在每一张圆形面皮中包入约25克的肉松馅，包成包子形。
4. 将包好的包子排放入蒸笼，盖上盖子，静置约30分钟醒发。
5. 开炉火，待蒸汽升起时将醒好的包子以大火蒸约10分钟关火取出即可。

材料

发酵面团1份（做法请见P105）、猪肉泥500克、花瓜200克、姜末30克、葱花50克

调味料

酱油2大匙、细砂糖1大匙、料酒2大匙、白胡椒粉1小匙、香油2大匙

做法

1. 将花瓜沥干水分后切碎备用；猪肉泥放入钢盆中，加入酱油搅拌至有粘性。
2. 加入细砂糖、料酒和白胡椒粉拌匀，再加入姜末、葱花、香油拌匀，即成瓜子肉馅。
3. 将发酵面团平均分成20份，盖上湿布，醒约20分钟后擀开成圆形面皮。
4. 在每一张圆形面皮中包入约30克的瓜子肉馅，包成包子形。
5. 将包好的包子排放入蒸笼，盖上盖子，静置约30分钟醒发。
6. 开炉火，待蒸汽升起时将醒好的包子以大火蒸约15分钟关火取出即可。

242 瓜子肉包

243 豆皮圆白菜包

🍅材料

发酵面团…………1份
（做法请见P105）
圆白菜………1000克
油炸豆皮………50克
胡萝卜丝………80克
姜末……………30克

🧂调味料

盐……………2小匙
细砂糖…………2小匙
白胡椒粉……1/2小匙
香油……………2大匙

🍚做法

1. 圆白菜洗净，切成约1厘米见方的片，放入盆中，加入1小匙盐搓揉均匀后，放置20分钟使其脱水，再将水分挤干备用（见图1~3）。
2. 油炸豆皮用热水泡软后挤干水分切细丝（见图4~5）。
3. 将圆白菜片、豆皮丝、胡萝卜丝和姜末放入盆中，先加入香油拌匀后，再加入盐、细砂糖及白胡椒粉拌匀成馅（见图6~7），即成豆皮圆白菜馅。
4. 将面团平均分成20份，盖上湿布，醒约20分钟后擀开成圆形面皮。
5. 在每一张圆形面皮中包入约30克的豆皮圆白菜馅（见图8），包成柳叶形（详细包法请见P170）。
6. 将包好的包子排放入蒸笼，盖上盖子，静置约30分钟醒发。
7. 开炉火，待蒸汽升起时将醒好的包子以大火蒸约15分钟即可。

材料

发酵面团1份（做法请见P105）、胡瓜1000克、虾皮20克、姜末30克、红葱末20克

调味料

盐2小匙、细砂糖1小匙、白胡椒粉1/2小匙、香油2小匙

做法

1. 胡瓜去皮，挖去籽后刨成丝，加入2小匙盐搓揉均匀后放置20分钟使其脱水，再用布巾将水分挤干。
2. 热锅，倒入少许色拉油，以小火爆香姜末、红葱末及虾皮，炒香后盛出备用。
3. 将挤干的胡瓜丝与炒香的虾皮料放入盆中，加入所有调味料拌匀即成虾皮胡瓜馅。
4. 将面团平均分成20份，盖上湿布，醒约20分钟后擀开成圆形面皮。
5. 在每一张圆形面皮中包入约30克的虾皮胡瓜馅，包成包子形。
6. 将包好的包子排放入蒸笼，盖上盖子，静置约30分钟醒发。
7. 开炉火，待蒸汽升起时将醒好的包子以大火蒸约15分钟关火取出即可。

244 虾皮胡瓜包

245 三丝素包

材料

发酵面团1份（做法请见P105）、金针菇400克、笋丝150克、胡萝卜丝100克、油炸豆皮50克

调味料

盐1小匙、细砂糖2小匙、白胡椒粉1小匙、香油4大匙

做法

1. 将金针菇、笋丝及胡萝卜丝放入沸水中汆烫约30秒后取出冲冷水至凉，再沥干水分。
2. 油炸豆皮用热水泡软后挤干水分，切细丝。
3. 将做法1的材料及豆皮丝放入盆中，先加入香油拌匀后再加入盐、细砂糖及白胡椒粉拌匀成三丝馅。
4. 将面团平均分成20份，盖上湿布，醒约20分钟后擀开成圆形面皮。
5. 在每一张圆形面皮中包入约30克的三丝馅，包成柳叶形（详细包法请见P170）。
6. 将包好的包子排放入蒸笼，盖上盖子，静置约30分钟醒发。
7. 开炉火，待蒸汽升起时将醒好的包子以大火蒸约15分钟关火取出即可。

246 咖喱羊肉包

 材料

发酵面团1份（做法请见P105）

内馅材料

羊肉泥350克、冷冻三色蔬菜150克、蒜末30克、洋葱丁90克、姜末30克

调味料

咖喱粉2大匙、盐2小匙、细砂糖1大匙、香油2大匙、水300毫升、水淀粉2大匙

做法

1. 热锅下少许油，小火爆香洋葱丁、姜末及蒜末，加入羊肉泥炒匀后加入咖喱粉炒香。
2. 加入冷冻三色蔬菜、盐、细砂糖及水煮开后，用水淀粉勾芡，淋上香油，取出放凉，放入冰箱冰凉即为咖喱羊肉馅。
3. 将发酵面团平均分成每个重约40克的小面团，盖上湿布，醒约20分钟后擀开成圆形面皮，再包入约30克咖喱羊肉馅，包成包子形。
4. 将包好的包子排放入蒸笼，盖上盖子，静置约30分钟醒发。
5. 开炉火，待蒸汽升起时，将醒好的包子以大火蒸约10分钟即可。

面皮材料

发酵面团1份（做法请见P105）

内馅材料

猪肉泥300克、酸白菜400克、姜末20克、葱花40克

调味料

盐3克、鸡粉4克、细砂糖5克、料酒20毫升、白胡椒粉1小匙、香油2大匙

247 酸白菜肉包

做法

1. 将酸白菜挤干水分后切碎备用。
2. 猪肉泥放入钢盆中，加入盐后搅拌至有粘性，再加入鸡粉、细砂糖及料酒和白胡椒粉拌匀，最后加入酸白菜碎、葱花、姜末和香油拌匀即为酸白菜肉馅。
3. 将发酵面团平均分成每个重约40克的小面团，盖上湿布，醒约20分钟后擀开成圆形面皮，再包入约30克的酸白菜肉馅，包成包子形。
4. 将包好的包子排放入蒸笼，盖上盖子，静置约30分钟醒发。
5. 开炉火，待蒸汽升起时将醒好的包子以大火蒸约15分钟即可。

面皮材料

发酵面团1份（做法请见P105）

内馅材料

洋葱200克、猪肉泥300克、蒜末30克

调味料

盐4克、鸡粉4克、细砂糖5克、酱油15毫升、米酒20毫升、黑胡椒粉1小匙、香油2大匙

做法

1. 洋葱切成约1厘米见方的片；热锅下2大匙色拉油，放入蒜末及洋葱，以中火炒约2分钟至洋葱软，取出放凉备用。

2. 猪肉泥放入钢盆中，加入盐后搅拌至有粘性，再放入鸡粉、细砂糖及酱油、米酒、黑胡椒粉拌匀，最后加入洋葱丁和香油拌匀，放凉后放入冰箱冰凉，即为洋葱鲜肉馅。

3. 将发酵面团平均分成每个重约40克的小面团，盖上湿布，醒约20分钟后擀开成圆形面皮，再包入约30克的洋葱肉馅，包成包子形。

4. 将包好的包子排放入蒸笼，盖上盖子，静置约30分钟醒发。

5. 开炉火，待蒸汽升起时，将醒好的包子以大火蒸约15分钟即可。

248 洋葱鲜肉包

249 辣酱肉末包

 面皮材料

发酵面团…………1份
（做法请见P105）

内馅材料

猪肉泥………600克
姜末……………20克
葱花……………80克
红葱酥…………30克

调味料

盐………………6克
鸡粉……………8克
细砂糖…………10克
辣椒酱…………3大匙
米酒…………30毫升
香油……………3大匙

做法

1. 猪肉泥放入钢盆中，加入盐后搅拌至有粘性。

2. 加入鸡粉、细砂糖、米酒、辣椒酱拌匀，再加入葱花、姜末、红葱酥和香油拌匀，放入冰箱冰凉即为辣酱肉馅。

3. 将发酵面团平均分成每个重约40克的小面团，盖上湿布，醒约20分钟后擀开成圆形面皮，再包入约30克辣酱肉馅，包成包子形。

4. 将包好的包子排放入蒸笼，盖上盖子，静置约30分钟醒发。

5. 开炉火，待蒸汽升起时，将醒好的包子以大火蒸约15分钟即可。

250 胡萝卜虾仁肉包

 面皮材料

胡萝卜面团1份

 内馅材料

草虾仁200克、猪肉泥400
克、姜末20克、葱花80克、
韭黄丁100克

 调味料

盐6克、鸡粉8克、细砂糖10
克、酱油30毫升、米酒30毫
升、白胡椒粉1小匙、香油3
大匙

 做法

1. 猪肉泥与虾仁放入钢盆中，加入盐后搅拌至有粘性。
2. 再加入鸡粉、细砂糖及酱油、米酒、白胡椒粉拌匀，最后加入韭黄丁、葱
   花、姜末和香油拌匀，放入冰箱冰凉即成虾仁肉馅。
3. 将胡萝卜面团平均分成每个重约40克的小面团，盖上湿布，醒约20分钟
   后擀开成圆形面皮，再包入约30克的虾仁肉馅，包成包子形。
4. 将包好的包子排放入蒸笼，盖上盖子，静置约30分钟醒发。
5. 开炉火，待蒸汽升起时，将醒好的包子以大火蒸约15分钟即可。

胡萝卜面团

材料：
中筋面粉600克、细砂糖
60克、酵母粉6克、泡打粉
5克、胡萝卜汁180毫升、水
100毫升

做法：
1. 将面粉放入盆中，将细砂糖、泡打粉和酵母粉依序加入面粉中。
2. 将胡萝卜汁和水缓缓倒入盆中并拌匀，用双手揉约2分钟至没有硬
   块。
3. 用干净的湿毛巾或保鲜膜盖好面团以防表皮干硬，静置醒约5分
   钟。
4. 将醒过的面团揉至表面光滑即成胡萝卜面团。

251 腊肠包

材料

发酵面团…………1份
（做法请见P105）

内馅材料

腊肠…………………7根

做法

1. 腊肠放入蒸笼干蒸约15分钟后放凉，每根腊肠斜切成三段备用。
2. 将发酵面团平均分成每个重约40克的小面团，盖上湿布，醒约5分钟后搓成圆珠笔粗细的长条。
3. 将长条盘上腊肠段成螺旋形腊肠包，收口朝下。
4. 将包好的腊肠包排放入蒸笼，盖上盖子，静置约30分钟醒发。
5. 开炉火，待蒸汽升起时，将醒好的包子以大火蒸约12分钟即可。

252 烤鸭肉包

面皮材料

发酵面团1份（做法请见P105）

调味料

甜面酱5大匙、细砂糖1大匙、香油1大匙

内馅材料

去骨烤鸭肉300克、蒜苗100克、蒜末40克

做法

1. 去骨烤鸭肉切丝，蒜苗洗净后切丝，备用。
2. 热锅下少许油，小火爆香蒜末，加入烤鸭肉丝及甜面酱、细砂糖，以中火持续炒约2分钟至汤汁收干，再加入蒜苗丝及香油拌匀即成烤鸭肉馅。
3. 将发酵面团平均分成每个重约40克的小面团，盖上湿布，醒约20分钟后擀开成圆形面皮，每张面皮包入约20克的烤鸭肉馅，包成包子形。
4. 将包好的烤鸭肉包排放入蒸笼，盖上盖子，静置约30分钟醒发。
5. 开炉火，待蒸汽升起时，将醒好的包子以大火蒸约10分钟即可。

253 圆白菜干包

 材料

发酵面团1份（做法请见P105）

内馅材料

圆白菜干200克、猪肉泥100克、蒜末20克、红辣椒末20克

调味料

盐1小匙、细砂糖1大匙、水100毫升、香油3大匙

做法

1. 圆白菜干洗净沥干，切细备用。
2. 热锅下少许油，小火爆香红辣椒末、蒜末，加入猪肉泥炒散。
3. 加入圆白菜干及盐、细砂糖和水，煮开后转小火翻炒约5分钟至汤汁收干，淋入香油，取出放凉后放入冰箱冰凉，即为圆白菜干馅。
4. 将发酵面团平均分成每个重约40克的小面团，盖上湿布，醒约20分钟后擀开成圆形面皮，再包入约30克的圆白菜干馅，包成包子形。
5. 将包好的包子排放入蒸笼，盖上盖子，静置约30分钟醒发。
6. 开炉火，待蒸汽升起时将醒好的包子以大火蒸约10分钟即可。

254 沙拉金枪鱼包

 材料

发酵面团1份（做法请见P105）

 做法

1. 洋葱洗净切小丁，再将罐头金枪鱼的水分跟油挤干，混合后加入沙拉酱及黑胡椒粒拌匀，即为沙拉金枪鱼馅。

内馅材料

金枪鱼罐头350克、洋葱200克

调味料

沙拉酱90克、黑胡椒粒1小匙

2. 将发酵面团平均分成每个重约40克的小面团，盖上湿布，醒约20分钟后擀开成圆形面皮，每张面皮包入约20克的沙拉金枪鱼馅，包成包子形。
3. 将包好的沙拉金枪鱼包排放入蒸笼，盖上盖子，静置约30分钟醒发。
4. 开炉火，待蒸气升起时，将醒好的包子以大火蒸约10分钟即可。

255 奶酪包

 材料　　　　　 **内馅材料**

发酵面团···········1份　　奶酪块 ·········· 440克
（做法请见P105）

做法

1. 将发酵面团平均分成每个重约40克的小面团，盖上湿布，醒约20分钟后擀开成圆形面皮。
2. 在每张面皮中包入约20克的奶酪馅，包成圆形，收口朝下。
3. 将包好的奶酪包排放入蒸笼，盖上盖子，静置约30分钟醒发。
4. 开炉火，待蒸汽升起时，将醒好的包子以大火蒸约15分钟即可。

256 豆沙包

 材料

发酵面团1份（做法请见P105）、豆沙馅440克

做法

1. 将面团平均分成每个重40克的面团，盖上湿布，醒约20分钟后擀开成圆形面皮。
2. 在每张面皮中包入约20克的豆沙馅，包成圆形，收口朝下。
3. 将包好的豆沙包排放入蒸笼，盖上盖子，静置约30分钟醒发。
4. 开炉火将锅内水煮沸，待蒸汽升起时将醒好的包子放至锅上以大火蒸约15分钟关火取出即可。

257 枣泥包

 材料

发酵面团1份（做法请见P105）、枣泥馅500克

做法

1. 将面团平均分成20份，盖上湿布，醒约20分钟后擀开成圆形面皮。
2. 在每张圆形面皮中包入约25克的枣泥馅，包成椭圆形，封口朝下摆放。
3. 将包好的包子排放入蒸笼，盖上盖子，静置约30分钟醒发。
4. 开炉火，待蒸汽升起时将醒好的包子放至锅上，以大火蒸约10分钟关火取出即可。

258 芝麻包

🍠 材料

发酵面团⋯⋯⋯⋯1份
（做法请见P105）

🍆 内馅材料

细砂糖 ⋯⋯⋯⋯100克
黑芝麻粉⋯⋯⋯⋯150克
熟猪油⋯⋯⋯⋯100克

1. 将所有内馅材料混合均匀即为芝麻馅。
2. 将发酵面团平均分成每个重约40克的小面团，盖上湿布，醒约20分钟后擀开成圆形面皮，每张面皮包入约20克的芝麻馅，包成圆形，收口朝下。
3. 将包好的芝麻包排放入蒸笼，盖上盖子，静置约30分钟醒发。
4. 开炉火，待蒸汽升起时，将醒好的包子以大火蒸约10分钟即可。

259 芋泥包

 材料

发酵面团1份（做法请见P105）、芋泥馅500克

🍲 做法

1. 将发酵面团平均分成20份，盖上湿布，醒约20分钟后擀开成圆形面皮。
2. 在每张圆形面皮中包入约25克的芋泥馅，包成圆形，封口朝下摆放。
3. 将包好的包子排放入蒸笼，盖上盖子，静置约30分钟醒发。
4. 开炉火，待蒸汽升起时将醒好的包子以大火蒸约10分钟关火取出即可。

260 绿豆蛋黄包

🍠 材料

发酵面团⋯⋯⋯⋯1份
（做法请见P105）

🍆 内馅材料

市售绿豆馅 ⋯⋯ 400克
咸蛋黄 ⋯⋯⋯⋯⋯5个

🍲 做法

1. 将咸蛋黄蒸8分钟取出放凉，切碎后与绿豆馅拌匀；发酵面团平均分成每个重40克的小面团，盖上湿布，醒约20分钟后擀开成圆形面皮。
2. 将绿豆蛋黄馅分成约20克的小球，分别包入圆形面皮中，收口朝下，排放入蒸笼，盖上盖子，静置约30分钟醒发。
3. 开炉火，待蒸汽升起时，将醒好的包子以大火蒸约10分钟即可。

面皮材料

A. 中筋面粉300克、蛋黄粉20克、速溶酵母3克、泡打粉3克、细砂糖15克
B. 水130克、猪油15克

内馅材料

A. 奶油50克
B. 鸡蛋3个、澄粉50克、蛋黄粉1匙、牛奶130克、细砂糖180克

做法

1. 奶油先放入微波炉或电锅中加热至融化备用。
2. 将面皮材料A倒入搅拌机内拌匀，再慢慢加入水以低速搅拌均匀后，改成中速打成光滑的面团，最后再加入猪油搅拌均匀，静置醒约15分钟。
3. 将内馅材料B拌匀后，加入奶油搅拌均匀，再放入电锅内蒸15～20分钟取出，放凉后即成奶黄馅。
4. 将面团平均分成每个重约30克的小面团后擀成圆面皮，在每张圆面皮中包入20克奶黄馅，静置醒15～20分钟。
5. 将奶黄包放入水已煮沸的蒸笼，用小火蒸10～12分钟即可。

261 奶黄包

262 奶油地瓜泥包

材料

地瓜面团1份、地瓜650克、无盐奶油80克、细砂糖200克

做法

1. 地瓜去皮后切厚片，放入蒸笼中以大火蒸约15分钟取出，将地瓜压成泥。
2. 将细砂糖及奶油加入地瓜泥中搅拌均匀，再将地瓜泥放入不粘锅中，以中小火将地瓜泥不停翻炒至透明状放凉即成奶油地瓜馅。
3. 将地瓜面团平均分成20份，盖上湿布，醒约20分钟后擀开成圆形面皮。
4. 在每张圆形面皮中包入约25克的奶油地瓜馅，开口向上，抓住三边集中，捏成三角形。
5. 将包好的包子排放入蒸笼，盖上盖子，静置约30分钟醒发。
6. 开炉火，待蒸汽升起时将醒好的包子以大火蒸约10分钟关火取出即可。

注：地瓜面团的做法请见P202地瓜馒头的材料及步骤1～4。

263 椰蓉包

材料

发酵面团1份（做法请见P105）、细砂糖180克、椰子粉360克、玉米粉30克、香草粉1/2小匙、无盐奶油100克、鸡蛋3个、奶水120毫升

做法

1. 将细砂糖、椰子粉、玉米粉和香草粉放入盆中拌匀，再加入无盐奶油、鸡蛋及奶水拌匀，即成椰蓉馅。
2. 将面团平均分成20份，盖上湿布，醒约20分钟后擀开成圆形面皮。
3. 在每张圆形面皮中包入约25克的椰蓉馅，包成圆形，收口朝下摆放。
4. 将包好的包子排放入蒸笼，盖上盖子，静置约30分钟醒发。
5. 开炉火，待蒸汽升起时将醒好的包子放至锅上，以大火蒸约10分钟即可关火取出。

材料

发酵面团…………1份
（做法请见P105）

内馅材料

市售莲蓉馅…… 220克
咸蛋黄…………15个

做法

1. 将11个咸蛋黄放入蒸笼蒸8分钟至熟，取出放凉，对半切备用；将剩下的4个生蛋黄均切成5等份作装饰用。
2. 将莲蓉馅分成约重10克的小份，再包入1/2个熟咸蛋黄滚成圆形，即成蛋黄莲蓉馅。
3. 将发酵面团平均分成每个重约40克的小面团，盖上湿布，醒约20分钟后擀开成圆形面皮。
4. 在每张圆形面皮中包入约20克的蛋黄莲蓉馅，包成圆形，收口朝下，并在顶端用刀子划出米字刀痕，再放上小块生蛋黄作装饰。
5. 将包好的莲蓉包排放入蒸笼，盖上盖子，静置约30分钟醒发。
6. 开炉火，待蒸汽升起时，将醒好的包子以大火蒸约10分钟即可。

264 蛋黄莲蓉包

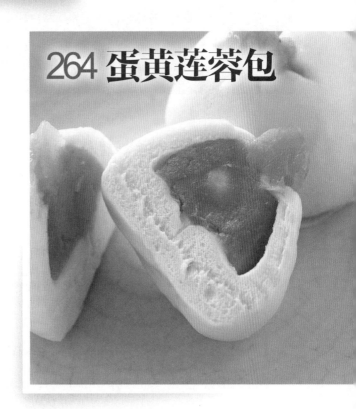

265 爆浆黑糖包

🥔 材料

中筋面粉········ 600克
黑糖··············100克
酵母粉··············6克
泡打粉··············5克
水·············· 270毫升

🍆 内馅材料

黑糖·············· 600克

🍲 做法

1. 将黑糖用100毫升的水混合后煮至溶化，再加入剩余170毫升的冷水调匀放凉。
2. 将中筋面粉及泡打粉放入钢盆中，再加入酵母粉，倒入黑糖水拌匀，用双手揉至表面光滑即成黑糖面团。
3. 将黑糖面团分割成每个约40克的小面团，盖上湿毛巾，静置发酵20分钟后擀开成圆形面皮。
4. 在每张圆形面皮中包入2大匙黑糖，包成圆形，收口朝下。
5. 将包好的黑糖包排放入蒸笼，盖上盖子，静置约30分钟醒发。
6. 开炉火，待蒸汽升起时，将醒好的包子以大火蒸约12分钟即可。

266 抹茶红豆包

 材料

抹茶面团…………1份

 内馅材料

市售红豆馅…… 440克

 做法

1. 将抹茶面团平均分成每个重约40克的小面团，盖上湿布，醒约20分钟后擀开成圆形面皮。
2. 将红豆馅分成重约20克的小球，分别包入圆形面皮中，包成圆形，开口朝下。
3. 将包好的抹茶红豆包排放入蒸笼，盖上盖子，静置约30分钟醒发。
4. 开炉火，待蒸汽升起时，将醒好的包子以大火蒸约10分钟即可。

抹茶面团

材料：中筋面粉600克、细砂糖60克、抹茶粉3克、泡打粉5克、酵母粉6克、水280毫升

做法：1. 中筋面粉放入盆中，将细砂糖、抹茶粉、泡打粉和酵母粉依序加入面粉中。2. 将水缓缓倒入盆中并拌匀，用双手揉约2分钟至没有硬块。3. 用干净的湿毛巾或保鲜膜盖好面团以防表皮干硬，静置醒约5分钟。4. 将醒过的面团揉至表面光滑即可。

267 花生包

材料

发酵面团 ··········· 1份
（做法请见P105）

内馅材料

细砂糖 ··········· 100克
花生粉 ········· 150克
花生油 ········· 100克

做法

1. 将所有内馅材料混合均匀即为花生馅。
2. 将发酵面团平均分成每个重约40克的小面团，盖上湿布，醒约20分钟后擀开成圆形面皮，每张面皮包入约20克的花生馅，包成圆形，收口朝下。
3. 将包好的花生包排放入蒸笼，盖上盖子，静置约30分钟醒发。
4. 开炉火，待蒸汽升起时，将醒好的包子以大火蒸约10分钟即可。

268 三色包

材料

发酵面团 ··········· 1份
（做法请见P105）
胡萝卜面团 ········· 1份
（做法请见P189）
抹茶面团 ··········· 1份
（做法请见P197）

内馅材料

市售豆沙馅 ···· 440克

做法

1. 将发酵面团、胡萝卜面团和抹茶面团分别搓成长条，再将三条面团合并成一条长条后，均分成每个重约40克的小面团，盖上湿布，醒约20分钟后，将小面团擀开成圆形面皮。
2. 将豆沙馅分成重约20克的小球，分别包入圆形面皮中，包成包子形。
3. 将包好的三色包排放入蒸笼，盖上盖子，静置约30分钟醒发。
4. 开炉火，待蒸汽升起时，将醒好的包子以大火蒸约10分钟即可。

269 黑糖小馒头

 材料

中筋面粉········ 600克
泡打粉 ·············5克
酵母粉 ·············6克
黑糖·················80克
水 ············· 280毫升

备注:
　　制作黑糖馒头，建议最好先从黑糖水做起，这样在进行做法2这一步骤时会较顺手。

做法

1. 黑糖加入100毫升水混合煮溶后，加入其余180毫升水放凉备用。
2. 中筋面粉、泡打粉与酵母粉先后放入钢盆中，加入黑糖水拌匀（见图1），用双手揉约2分钟至面团均匀无硬块。
3. 将揉匀的面团用湿毛巾或保鲜膜盖好以防表皮干硬，静置醒约20分钟。
4. 取醒过的面团揉至表面光滑，搓揉成直径约2.5厘米的长条（见图2~4）。
5. 将长条面团均匀切成约3厘米长的段（见图5），整理好形状后依序放入蒸笼，盖上盖子，静置约25分钟醒发。
6. 开火煮水，待蒸汽升起时放上蒸笼，以大火蒸约8分钟即可。

270 鲜奶小馒头

🍠材料

中筋面粉········ 600克
细砂糖············ 60克
酵母粉············· 6克
泡打粉············· 5克
鲜奶········· 260毫升
奶油················ 30克

🥣做法

1. 将面粉、奶油、细砂糖及泡打粉放入钢盆中（见图1~2），再将加水溶解的酵母粉与鲜奶一起，倒入钢盆中拌匀（见图3~4），揉约5分钟至均匀成团没有硬块（见图5）。
2. 用湿毛巾或保鲜膜盖好静置醒约20分钟（见图6）。
3. 将醒过的面团揉至表面光滑，分割后搓揉成直径约2.5厘米的长条（见图7）。
4. 用刀将面团切成约3厘米长的段（见图8），排放入蒸笼，盖上盖子，静置约50分钟醒发。
5. 开炉火将锅内水煮沸，待蒸汽升起时将醒好的馒头放至锅上，以大火蒸约10分钟即可。

美味秘诀

关键1：选好搅拌机

　　如果真的要大量制作包子、馒头，可以考虑买一台大型的搅拌机器。选购机器时建议可买大型的专业二手搅拌机，无论在价格或使用便利性上，都比家用型的桌上机器划算。

关键2：选择木制蒸笼

　　制作包子、馒头时，用蒸的方式才能完全表现蓬松的外形。在家中使用的蒸笼，不外乎是普通小型的木制或铁制蒸笼，铁制蒸笼虽然收纳方便，但在水蒸气结成水珠滴落时，却会破坏包子、馒头的外形和口感，而且也不如木制蒸笼香气十足。

271 地瓜馒头

 材料

地瓜400克、中筋面粉500克、细砂糖50克、酵母粉6克、泡打粉5克、水150毫升

做法

1. 地瓜洗净去皮后切块，放入蒸笼中以大火蒸约20分钟后取出放凉；酵母粉加入50毫升水泡溶备用。
2. 将中筋面粉、细砂糖及泡打粉放入钢盆中，再将地瓜块辗压成泥后放入，最后加入酵母粉。
3. 将其余的水倒入其中并拌匀，用双手揉约2分钟至均匀成团没有硬块。
4. 再将面团用湿毛巾或保鲜膜盖好静置醒约20分钟。
5. 将醒过的面团揉至表面光滑后搓揉成长条。
6. 用刀将面团切成约5厘米长的段后排放入蒸笼，盖上盖子，静置约40分钟醒发。
7. 开炉火，待蒸汽升起时将醒好的馒头以大火蒸约10分钟关火取出即可。

272 山东馒头

 材料

发酵面团········ 800克
（做法请见P105）
中筋面粉········150克

做法

1. 将发酵面团揉至表面光滑后分割成10等份，每份面团由外向内一边揉成圆形、一边撒上约15克的中筋面粉。
2. 将揉圆的面团排入蒸笼（须预留膨胀的空间），盖上盖子，静置约50分钟醒发。
3. 开火煮水，待蒸汽升起时，放上蒸笼，以大火蒸约15分钟即可。

材料

南瓜300克、中筋面粉400克、细砂糖50克、酵母粉6克、泡打粉5克、水50毫升

做法

1. 南瓜去皮去籽，将瓜肉切小块放入蒸笼蒸约20分钟至熟后放凉备用。
2. 将酵母粉加入50毫升的水中泡溶；将面粉、细砂糖及泡打粉放入钢盆中，再将蒸熟的南瓜放入，加入酵母粉水。
3. 将上述材料用双手揉约5分钟至均匀成团没有硬块。
4. 用湿毛巾或保鲜膜盖好面团静置醒约20分钟。
5. 将醒过的面团揉至表面光滑后分割。
6. 搓揉成直径约2.5厘米的长条。
7. 用刀将面团切成约3厘米长的段后，排放入蒸笼，盖上盖子，静置约50分钟醒发。
8. 开炉火将锅内水煮沸，待蒸汽升起时将醒好的馒头放至锅上，以大火蒸约12分钟关火取出即可。

273 南瓜小馒头

274 坚果养生馒头

材料

中筋面粉600克、综合坚果200克、酵母粉6克、细砂糖60克、泡打粉5克、水180毫升

做法

1. 将综合坚果用调理机略打碎；酵母粉加入50毫升水中泡溶备用。
2. 将中筋面粉、细砂糖及泡打粉放入钢盆中，再加入酵母粉。
3. 加水并拌匀，再用双手揉约2分钟至均匀。
4. 用湿毛巾或保鲜膜将揉匀的面团盖好，静置醒约20分钟。
5. 取100克的综合坚果加入醒过的面团，揉匀后分割成10等份。
6. 分别将每份小面团揉成圆形面团，用喷水器将面团表面喷湿，再沾裹上剩余的碎坚果后压紧，接口处朝下排放入蒸笼，盖上盖子，静置约30分钟令面团醒发。
7. 开炉火，待蒸汽升起时将蒸笼放至锅上，以大火蒸约15分钟关火取出即可。

275 黑糖桂圆馒头

材料

中筋面粉600克、桂圆肉60克、黑糖80克、酵母粉5克、泡打粉5克、水260毫升

做法

1. 将桂圆肉切碎，加入100毫升水泡20分钟备用。
2. 将剩余160毫升的水与黑糖放入小汤锅中，以小火煮至黑糖溶化后盛起备用。
3. 将中筋面粉、泡打粉、桂圆肉加入钢盆中，再将酵母粉与黑糖水拌匀倒入其中。
4. 用双手将做法3的材料揉约2分钟至均匀成团没有硬块，再用湿毛巾或保鲜膜盖好，静置醒约20分钟。
5. 将醒过的面团揉至表面光滑后分割成10等份，并分别将每份小面团揉成圆形面团。
6. 将圆形面团接口处朝下排放入蒸笼，盖上盖静置约40分钟醒发。
7. 开炉火，待蒸汽升起时将醒好的馒头放至锅上，以大火蒸约15分钟关火取出即可。

276 海苔馒头

材料

中筋面粉600克、细砂糖60克、海苔粉2克、泡打粉5克、酵母粉5克、水280毫升

做法

1. 将中筋面粉、细砂糖、海苔粉及泡打粉放入钢盆中；将酵母粉与水拌匀，再加入钢盆中并拌匀。
2. 用双手将上述材料揉约2分钟至均匀成团没有硬块；再用湿毛巾或保鲜膜盖好静置醒约20分钟。
3. 将醒过的面团揉至表面光滑后搓搓成长条。
4. 用刀将面团切成约5厘米长的段后排放入蒸笼，盖上盖子，静置约25分钟，让面团醒发。
5. 开炉火，待蒸汽升起时将醒好的面团以大火蒸约8分钟关火取出即可。

277 奶酪馒头

材料

A. 中筋面粉600克、细砂糖60克、泡打粉5克、酵母粉6克、水280毫升
B. 奶酪丝200克

做法

1. 将中筋面粉、细砂糖及泡打粉放入钢盆中，再将酵母粉与水拌匀后加入，用双手揉约5分钟至均匀成团没有硬块。
2. 用湿毛巾或保鲜膜将面团盖好，静置约20分钟，再将醒过的面团揉至表面光滑。
3. 将面团擀成约70厘米×20厘米的长方形，再将奶酪丝均匀铺至面皮表面。
4. 将面皮由上往下卷起成长条圆筒，用刀将圆筒切成15等份，并使切口向上平放于不沾纸上。
5. 将奶酪馒头放入蒸笼里发酵约50分钟，再以大火蒸10分钟即可。

278 可可馒头

材料

中筋面粉600克、细砂糖60克、酵母粉5克、泡打粉5克、可可粉20克、水320毫升

做法

1. 将可可粉与50毫升水混匀成糊状，与中筋面粉、细砂糖及泡打粉一起放入钢盆中，再将酵母粉与剩余的水加入混匀，加入钢盆中拌匀。
2. 用双手将上述材料揉约2分钟，至均匀成团没有硬块，再用湿毛巾或保鲜膜将面团盖好，静置约20分钟。
3. 将醒过的面团揉至表面光滑后搓揉成长条，用刀将面团切成长约5厘米的段后排放入蒸笼，盖上盖子，静置约30分钟使面团醒发。
4. 开炉火，待蒸汽升起时将醒好的面团以大火蒸约8分钟关火取出即可。

279 玉米面馒头

🥟 材料

玉米面200克、高筋面粉400克、细砂糖50克、酵母粉5克、泡打粉5克、水250毫升

🥣 做法

1. 将玉米面、高筋面粉、细砂糖及泡打粉放入钢盆中，再将酵母粉与水拌匀，一起加入钢盆中。
2. 用双手将上述材料揉约2分钟至均匀成团没有硬块。
3. 用湿毛巾或保鲜膜将面团盖好，静置醒约20分钟。
4. 将醒好的面团揉至表面光滑后搓揉成长条，用刀将面团切成约5厘米长的段后排放入蒸笼，盖上盖子，静置约25分钟醒发。
5. 开炉火，待蒸汽升起时将醒好的面团以大火蒸约8分钟关火取出即可。

280 山药枸杞养生馒头

🥟 材料

A. 山药130克、枸杞子35克
B. 低筋面粉300克、速溶酵母4克、细砂糖25克、泡打粉3克、盐3克

🥣 做法

1. 山药去皮洗净磨成泥备用。
2. 将材料B所有材料搅拌均匀后，再加入山药泥揉成光滑的面团，盖上湿布或保鲜膜静置醒15～20分钟。
3. 将面团平均分成重约25克的小面团，再擀成扁平长方形面皮，加上枸杞子卷成筒状，静置醒15分钟。
4. 将山药枸杞馒头放入水已煮沸的蒸笼，用小火蒸10～12分钟即可。

281 全麦健康馒头

🥟 材料

发酵面团150克（做法请见P105）、小麦胚芽75克

🥣 做法

1. 小麦胚芽先用小火略炒数下备用。
2. 在发酵面团中加入小麦胚芽，揉至小麦胚芽均匀分布于面团之中，再将面团擀成扁平的长方块，由长的一端往内卷起成长条状。
3. 将面团卷平均切成重均30克的段，静置醒15分钟。
4. 将做好的全麦馒头放入水已煮沸的蒸笼，用小火蒸8～10分钟即可。

备注：市面上包装好的小麦胚芽有些已炒过，可直接拿来用。

282 紫山药馒头

材料

紫山药400克、中筋面粉600克、细砂糖60克、酵母粉6克、泡打粉5克、水180毫升

做法

1. 将整块紫山药洗净，放入蒸笼蒸约30分钟至熟后取出放凉，削皮后压成泥备用。
2. 酵母粉加入50毫升水泡溶备用。
3. 将面粉、细砂糖及泡打粉放入钢盆中，再将山药泥放入，加入酵母粉。
4. 将水倒入并拌匀，用双手揉约2分钟至均匀成团没有硬块。
5. 用湿毛巾或保鲜膜将面团盖好，静置约20分钟。
6. 将醒过的面团揉至表面光滑后分割成10等份。
7. 分别将每份小面团揉成圆形面团，接口处朝下排放入蒸笼，盖上盖子，静置约40分钟醒发。
8. 开炉火，待蒸汽升起时将醒好的面团以大火蒸约15分钟关火取出 即可。

283 咖喱馒头

材料

咖喱粉10克、中筋面粉600克、细砂糖60克、盐3克、泡打粉5克、酵母粉5克、色拉油35克、水280毫升

做法

1. 咖喱粉放入小碗中，色拉油加热至油温约160℃后，冲入咖喱粉中并拌匀成咖喱酱，放凉备用。
2. 将中筋面粉、细砂糖、盐及泡打粉放入钢盆中，再将酵母粉与水拌匀，与咖喱酱一起加入钢盆中拌匀。
3. 用双手将上述材料揉约2分钟至均匀成团没有硬块。
4. 用湿毛巾或保鲜膜将面团盖好，静置约20分钟。
5. 将醒过的面团揉至表面光滑后搓揉成长条，用刀将面团切成约5厘米长的段后排放入蒸笼，盖上盖子，静置约25分钟醒发。
6. 开炉火，待蒸汽升起时将醒好的面团以大火蒸约8分钟，关火取出即可。

284 窝窝头

 材料

玉米粉200克、黄豆粉50克、低筋面粉50克、细砂糖100克、泡打粉5克、无盐奶油20克、70℃温水150毫升

做法

1. 将玉米粉、黄豆粉、低筋面粉及细砂糖混合后，冲入温水揉匀，再加入无盐奶油及泡打粉揉至均匀成团。
2. 将面团分成20等份，捏成中空的圆形，放入蒸笼中，以大火蒸约15分钟即可。

285 枣子馒头

 材料

发酵面团………150克
（做法请见P105）
红枣……………数颗

做法

1. 将发酵面团等分成每个30克，搓成圆形，再用竹筷在面团边缘穿三四个小洞，轻轻放入红枣，静置醒15分钟。
2. 将枣子馒头放入水已煮沸的蒸笼，用小火蒸8~10分钟即可。

286 双色馒头卷

 材料

发酵面团160克（做法请见P105）、胡萝卜面团80克（做法请见P189）、菠菜面团80克

做法

1. 将发酵面团分成2等份，分别擀成长条的面皮；胡萝卜面团及菠菜面团也分别杆成长条的面皮。
2. 分别将胡萝卜面皮及菠菜面皮各置于白面皮上，卷成长条状，并切成每个重约20克的小块，分别做成螺旋型馒头。
3. 将螺旋形馒头放入水已煮沸的蒸笼中，用小火蒸8~10分钟即可。

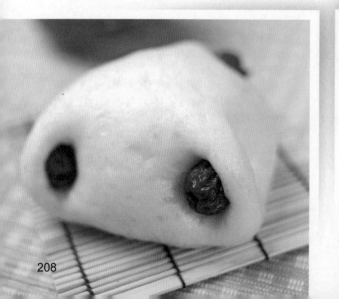

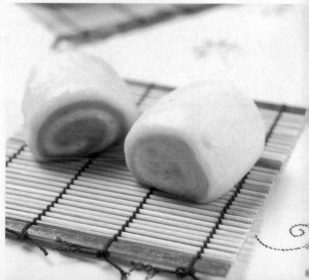

287 花卷

材料

老面面团500克（做法请见P162）、葱花50克、色拉油30毫升、盐8克

做法

1. 将老面面团擀成约70厘米×20厘米的长方形面皮。
2. 将色拉油均匀抹在面皮表面，再均匀撒上盐与葱花，将面皮由上往下卷起成长条状。
3. 将长条面皮分切成12等份，再用筷子从中间压下成花卷。
4. 将花卷排入蒸笼里，静置发酵约10分钟后，再以大火蒸约12分钟即可。

288 螺丝卷

材料

发酵面团········ 600克
（做法请见P105）
猪油··············100克
细砂糖 ·········· 5大匙
葡萄干 ············30克

做法

1. 将发酵面团擀成厚约0.2厘米的长方形面皮，表面涂上猪油，撒上细砂糖，对折后以刀切成宽约0.5厘米的细丝。
2. 将每份4股细丝卷成螺旋状，并在中央放上一颗葡萄干。
3. 将螺丝卷放入蒸笼，盖上盖子，静置约25分钟发酵。
4. 开火煮水，待蒸气升起时，放上蒸笼，以大火蒸约12分钟即可。

289 双色螺丝卷

🍵 **材料**

发酵面团400克（做法请见P105）、墨鱼面团400克、猪油50克、碎红枣30克

🥣 **做法**

1. 将发酵面团及墨鱼面团分别擀成厚约0.5厘米、宽约10厘米的长条。
2. 将发酵面皮平铺在桌上，用毛刷均匀的在表面涂上一层猪油（见图2）。
3. 将发酵面皮与墨鱼面皮重叠，压平后用刀切成宽约0.5厘米黑白相间的细丝（见图3）。
4. 将每6股黑白相间的细丝卷成螺旋状放入蒸笼（见图4~5），放上少许碎红枣肉作装饰，发酵约25分钟后，以大火蒸10分钟即可。

墨鱼面团

材料： 中筋面粉600克、细砂糖60克、墨鱼粉5克、泡打粉5克、酵母粉5克、水300毫升

做法： 1.将中筋面粉、细砂糖、墨鱼粉及泡打粉放入钢盆中，再将酵母粉与水拌匀，一起放入钢盆中（见图1）。2.用双手将上述材料揉约2分钟至均匀成团没有硬块。3.用湿毛巾或保鲜膜将面团盖好，静置约20分钟即可。

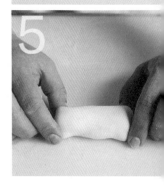

290 银丝卷

 材料

发酵面团········· 600克
（做法请见P105）
色拉油············· 适量

做法

1. 将发酵面团平均分成两份，第一份分成10等份，每个重约30克，擀成直径约10厘米的圆形面皮备用（见图1）。

2. 另一份擀成厚约0.2厘米的长方形，表面涂上适量色拉油以防沾粘，取刀切成3条宽约6厘米的长条，重叠后再切成宽约0.5厘米的细条（见图2）。

3. 取适量色拉油涂在细条上，然后分成10等份备用（见图3）。

4. 在每张圆形面皮中放入一份做法3的细条（见图4），包成春卷形（见图5），放入蒸笼，盖上盖子，静置约20分钟发酵。

5. 开火煮水，待蒸汽升起时，放上蒸笼，以大火蒸12分钟即可。

291 花生卷

材料

A.

中筋面粉………600克

细砂糖…………60克

酵母粉……………6克

泡打粉……………5克

水……………280毫升

B.

花生酱…………200克

做法

1. 将中筋面粉、细砂糖及泡打粉放入钢盆中，再将酵母粉与水拌匀后加入。
2. 用双手将上述材料揉约5分钟至均匀成团没有硬块。
3. 用湿毛巾或保鲜膜将面团盖好，静置醒约20分钟，再将醒过的面团揉至表面光滑。
4. 将面团擀成约70厘米×20厘米的长方形面皮，再将花生酱均匀抹在面皮表面。
5. 将面皮由上往下卷起成长条圆筒状，用刀将圆筒切成12等份后用筷子从中压下成花卷。
6. 将花生卷放入蒸笼里发酵约50分钟，开火将水煮至沸腾，再将发好的花卷放至锅上，以大火蒸10分钟即可。

材料

A. 中筋面粉600克、细砂糖60克、酵母粉6克、泡打粉5克、水270毫升
B. 培根120克、洋葱150克、蒜末20克、无盐奶油20克、盐1/2小匙、黑胡椒粉1/2小匙

做法

1. 将培根及洋葱切丝备用；热锅，放入无盐奶油及蒜末炒香后加入培根丝、洋葱丝、盐及黑胡椒粉，以小火炒至洋葱丝变软后取出放凉备用。
2. 将中筋面粉、细砂糖及泡打粉放入钢盆中，再将酵母粉与水拌匀后加入，用双手揉约5分钟至均匀成团没有硬块。
3. 用湿毛巾或保鲜膜将面团盖好，静置约20分钟，再将醒过的面团揉至表面光滑。
4. 将面团擀成约70厘米×20厘米的长方形面皮，再将炒好的培根丝均匀铺至面皮表面。
5. 将面皮由上往下卷起成长条圆筒状，用刀将圆筒切成12等份等后用筷子从中压下成花卷。
6. 将培根卷放入蒸笼里发酵约50分钟，开火将水煮至沸腾，再放上蒸笼以大火蒸12分钟即可。

292 洋葱培根卷

293 烘烤椒盐花卷

材料

发酵面团·········150克
（做法请见P105）
花椒粉·············5克
盐·····················5克

做法

1. 花椒粉先用小火略炒数下，加入盐拌匀成花椒盐，再加入发酵面团中揉匀。
2. 将面擀成扁平长方块，再切成等宽的长条状，每3条做成一个花卷馒头，并静置醒10分钟。
3. 将花卷馒头放入水已煮沸的蒸笼，用小火蒸8～10分钟。
4. 将蒸熟后的花卷馒头再放入温度预热至190℃的烤箱中，烤约15分钟让表皮变成金黄色即可。

口味多变、色彩缤纷的小馒头，用电锅就可以少量制作哦！把电锅当成现成的保温发酵箱，从醒面到蒸馒头一锅搞定，免蒸笼、免控制火候，烹饪新手也能轻松学会，快来试试看吧！

294 鲜奶葡萄干馒头

🍞 材料

中筋面粉600克、葡萄干100克、细砂糖50克、酵母粉6克、泡打粉5克、鲜奶300毫升

🍚 做法

1. 将中筋面粉、细砂糖、泡打粉放入盆中，加入酵母粉，再倒入鲜奶，将所有材料混合均匀（见图1）。
2. 将上述材料用双手揉约2分钟，再加入葡萄干揉至均匀，将面团放回盆中（见图2~3）。
3. 电锅外锅加1杯热水，将面团放入电锅，盖好锅盖，静置发酵约30分钟至面团体积膨胀时取出（见图4~5）。
4. 将发酵好的面团揉至表面光滑，擀开成长方形面皮，接着卷成圆筒状，再搓揉成直径约2.5厘米的长条（见图6~7）。
5. 用刀将面团切成长约3厘米的段，取蒸盘抹少许色拉油，将面团段间隔排入蒸盘（见图8~10）。
6. 外锅放蒸架，加入1/2杯水，将蒸盘放在蒸架上，盖上盖子静置约5分钟，按下开关蒸至跳起即可。

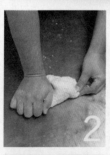

295 地瓜枸杞馒头

材料

地瓜400克、中筋面粉400克、细砂糖50克、酵母6克、泡打粉5克、枸杞子120克、水150毫升

做法

1. 地瓜去皮后放入电锅蒸熟，取出放凉后压成地瓜泥；枸杞子洗净沥干备用。
2. 将中筋面粉、地瓜泥、细砂糖及泡打粉放入钢盆中，再加酵母粉，将水倒入拌匀，用双手揉约2分钟至均匀成团没有硬块。
3. 将面团放入电锅内锅，外锅加入1杯热水，放入内锅，盖好锅盖，静置发酵约30分钟，再将发酵好的面团取出，加入枸杞，揉至表面光滑。
4. 将面团擀开成长方形面片后卷成圆筒状，再搓揉成直径约2.5厘米的长条；用刀将长条形面团切成长约3厘米的段，排放入抹上油的蒸盘，再置于锅内蒸架上。
5. 外锅加1/2杯水，盖上盖子，静置约5分钟后按下开关，蒸至开关跳起即可。

296 抹茶桂圆馒头

材料

中筋面粉600克、细砂糖80克、泡打粉5克、酵母粉6克、抹茶粉20克、桂圆肉120克、水300毫升

做法

1. 将中筋面粉、细砂糖、泡打粉及抹茶粉放入钢盆中，再加入酵母粉，将水倒入拌匀，用双手揉约2分钟至均匀成团没有硬块。
2. 将面团放入电锅内锅，外锅加入1杯热水，放入内锅，盖好锅盖，静置发酵约30分钟，再将发酵好的面团取出，加入桂圆肉，揉至表面光滑。
3. 将面团擀开成长方形面片后卷成圆筒状，再搓揉成直径约2.5厘米的长条；用刀将长条形面团切成长约3厘米的段，排放入抹上油的蒸盘，再置于锅内蒸架上。
4. 外锅加1/2杯水，盖上盖子，静置约5分钟后按下开关，蒸至开关跳起即可。

制作**水煎包**的技巧

生面团制作

① 面粉放入钢盆中,将细砂糖、酵母加入面粉中间。

② 将水缓缓倒入钢盆中并用手指搓揉,用双手揉约2分钟至钢盆光滑。

③ 将面团移至桌上用双手揉匀,整成长条形对折,再揉至表面光滑放入盆中,用干净湿毛巾或保鲜膜盖好防止干硬,静置发酵约20分钟。

材料

中筋面粉········ 300克
细砂糖············30克
酵母·············3克
水··········· 160毫升

备注: 在钢盆中揉面,钢盆常会滑动,可以在桌上垫一块湿布,这样就可以固定钢盆了。

分割做面皮

① 将发好的生面团压出空气,揉至表面光滑。

② 将面团搓成长条,分割成每颗重约30克的小面团。

取一小面团,用擀面棍擀开成直径约6厘米的圆形面片即可。

包入内馅料

美味小秘诀Tips

水煎包的外皮和内馅的分量比例一般为3:2，例如：每张皮约重30克，每份馅料约重20克。

取一张面皮，包入约20克的香葱内馅，抓住面皮的边缘，依序捏出折痕。

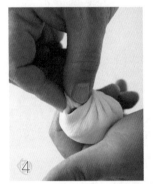

接着将面皮的收口紧密捏合，再逐一包成水煎包状。

入锅煎熟

平底锅烧热，倒入2大匙色拉油，转小火将水煎包排放入锅，包子与包子间隔1.5～2厘米作为预留膨胀空间，再倒入面粉水至包子的一半高度。

盖上锅盖，以中小火煎约12分钟至水收干，煎至底部焦脆；最后撒上白芝麻（材料外），关火铲出装盘即可。

备注：面粉水是用2大匙的面粉和500毫升的水调匀而成的。

297 韭菜煎包

材料

生面团1份（做法见P216）、面粉水500毫升、韭菜400克、粉条120克、姜末10克、白芝麻少许

调味料

盐1/2小匙、细砂糖2小匙、白胡椒粉1/2小匙、香油2大匙

做法

1. 韭菜洗净沥干后，切成长约1厘米的小段；粉条泡水30分钟至完全涨发后沥干水分，切成长约3厘米的小段。
2. 将韭菜段放入盆中，加入香油拌匀，再加入姜末、盐、细砂糖、白胡椒粉及粉条拌匀即成韭菜馅。
3. 将面团均分成每个重约30克的小面团，擀开成圆形面皮，每张面皮包入约20克的韭菜馅，包成包子形。
4. 平底锅烧热，倒入2大匙色拉油，转小火将包子排放入锅，包子与包子间隔1.5~2厘米作为预留膨胀空间。
5. 倒入面粉水至包子的一半高度，盖上锅盖以中小火煎约12分钟至水收干、底部焦脆，最后撒上白芝麻后关火，铲出装盘即可。

298 圆白菜肉煎包

材料

生面团1份（做法见P216）、面粉水500毫升、圆白菜500克、胡萝卜丝50克、猪肉泥300克、姜末20克、葱花40克、白芝麻少许

调味料

盐1/2小匙、酱油2大匙、细砂糖2小匙、米酒30毫升、白胡椒粉1小匙、香油2大匙

做法

1. 圆白菜切成约1厘米见方的片，与胡萝卜丝放入容器中，加入1小匙盐搓揉均匀，放置20分钟使其脱水，再将水挤干备用。
2. 猪肉泥放入钢盆中，加入盐后搅拌至有粘性，再加入酱油、细砂糖、米酒和白胡椒粉拌匀。
3. 加入圆白菜片、胡萝卜丝、葱花、姜末和香油拌匀即成菜肉馅。
4. 将面团均分成每个重约30克的小面团，擀开成圆形面皮，每张面皮包入约20克的菜肉馅，包成包子形。
5. 平底锅烧热，倒入2大匙色拉油，转小火将包子排放入锅中，包子与包子间隔1.5~2厘米作为预留膨胀空间。
6. 倒入面粉水至包子的一半高度，盖上锅盖以中小火煎约12分钟至水收干、底部焦脆，再撒上芝麻，关火，铲出装盘即可。

299 虾仁韭黄煎包

🍅 材料

生面团1份（做法见P216）、面粉水500毫升、虾仁100克、猪肉泥200克、姜末20克、葱花30克、韭黄120克、白芝麻少许

🧂 调味料

盐1/2小匙、细砂糖1小匙、酱油1大匙、米酒30毫升、白胡椒粉1/2小匙、香油1大匙

🍲 做法

1. 韭黄洗净沥干，切成长约1厘米的小段；猪肉泥与虾仁放入钢盆中，加入盐后搅拌至有粘性。
2. 加入细砂糖及酱油、米酒、白胡椒粉拌匀，再加入韭黄、葱花、姜末和香油拌匀即成虾仁肉馅。
3. 将面团平均分成每个重约30克的小面团，擀开成圆形面皮，每张面皮包入约20克的虾仁肉馅，包成包子形。
4. 平底锅烧热，倒入2大匙色拉油，转小火将包子排放入锅，包子与包子间隔1.5~2厘米作为预留膨胀空间。
5. 倒入面粉水至包子的一半高度，盖上锅盖以中小火煎约12分钟至水收干、底部焦脆，再撒上白芝麻，关火，铲出装盘即可。

300 上海青煎包

 材料

生面团1份（做法见P216）、面粉水500毫升、上海青600克、泡发香菇50克、姜末20克、白芝麻少许

🧂 调味料

盐1/2小匙、细砂糖1小匙、白胡椒粉1小匙、香油2大匙

🍲 做法

1. 将一锅水煮沸，将上海青整棵入锅汆烫约30秒后，取出冲冷水至凉；泡发香菇洗净切丝备用。
2. 将上海青挤干水分后切碎，再用布巾将上海青碎的水分挤干。
3. 将挤干的上海青碎与香菇丝放入盆中，加入所有调味料拌匀即成上海青馅。
4. 将面团平均分成每个重约30克的小面团，擀开成圆形面皮，每张面皮包入约20克的上海青馅，包成包子形。
5. 平底锅烧热，倒入2大匙色拉油，转小火将包子排放入锅，包子与包子间隔1.5~2厘米作为预留膨胀空间。
6. 倒入面粉水至包子的一半高度，盖上锅盖以中小火煎约12分钟至水收干、底部焦脆，再撒上白芝麻，关火，铲出装盘即可。

301 一口福州包

材料

A. 猪肉泥350克、姜末5克

B. 中筋面粉250克、盐3克、色拉油10克、冷水115毫升

调味料

A. 盐7克、细砂糖15克、白胡椒粉2克、五香粉2克、扁鱼粉5克（做法见P221）、香油15克、酱油20克、米酒15克

B. 冰高汤80毫升

做法

1. 将猪肉泥放入搅拌盆中，加入姜末、调味料A中的盐一起混合搅拌。

2. 将冰高汤分次慢慢加入其中搅拌均匀，放入冰箱冷藏2~3小时即成内馅。

3. 将中筋面粉以筛网过筛，再加入材料B中的盐、色拉油轻轻搅拌，然后一边慢慢将冷水分次加入，一边慢慢将面粉与其他材料轻轻拌匀（见图1~3）。

4. 面刀与手并用，将粘稠面粉拌匀成为面团（见图4~5）。

5. 将面团放至工作台上，用手掌不断搓揉至表面光滑后，静置醒15~20分钟，再搓柔成长条形，用面刀分切成每个10克的小面团。

6. 在小面团上撒上适量面粉，用手掌轻压成圆扁状，再以擀面棍擀成厚度一致的圆形面皮备用。

7. 取一张面皮，包入约12克冰过的内馅，收口捏合成煎包的形状，直到材料用完。

8. 平底锅热锅，放入适量油烧热，转小火，将包好的福州包排入，倒入清水（材料外）至包子的一半高度，盖上锅盖，煎至水干、底面呈金黄色即可。

福州包好吃的秘诀

擀 的功夫

和水煎包擀的技巧一样，唯一不同的是福州包的小面皮必须擀成中心、边缘都一样薄的厚度，且面皮的大小必须制作成适合好入口的比例，这样才能符合一口福州包的称号，福州包的面皮也适用于馄饨皮和煎饺皮。

包 的功夫

以冷水面团制作的一口福州包，面皮又小又薄，在包这个步骤需要相当小心仔细，放馅料时就不用想成料多实在才好吃啦，加入过多福州包容易破裂，而包法就只有圆形可以制作了。

煎 的功夫

和水煎包煎的功夫一样，唯一不同的是水煎包在煎煮时是放入面粉水，以达到底部金黄酥脆的效果，而福州包在煎煮的时候则是放入清水，因为福州包本身就皮薄了，比较着重在馅料的口感滋味上，并不需要再造成底部金黄酥脆的效果了。

铲 的功夫

要起锅铲铲起时，必须比水煎包更为小心，因为它不仅体积小，连皮都薄，所以很容易在起锅的过程中不小心地把馅料露出来了，因此要格外小心些才行喔！

扁鱼粉

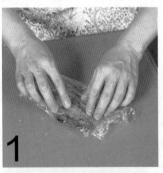

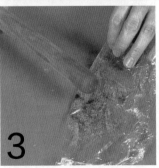

材料

扁鱼	5克
保鲜膜	少许
色拉油	1汤匙

做法

1. 取锅，倒入色拉油烧热后，放入扁鱼以小火炸成外表呈金黄色时，捞起沥干油脂。
2. 将扁鱼用保鲜膜包裹好，以擀面棍在保鲜膜外面用力擀平数次。
3. 用擀面棍将不够碎的扁鱼敲碎即可。

面条篇

热腾腾的汤面、淋酱的干拌面、料多味美的炒面，天天换着吃也不腻。

认识家常快煮面

鸡蛋面
特色：淡黄色细扁面，带有蛋香，有嚼劲

煮熟时间：
1分钟/100克

阳春面
特色：细扁面，容易煮熟，口感软

煮熟时间：
1分钟/100克

油面
特色：熟面，带有淡淡碱味，口感滑嫩

煮熟时间：
2分钟/100克

营养干面
特色：烘干包装零售，室温下可长期存放

煮熟时间：
2分钟/100克

拉面
特色：粗圆面，口感滑嫩有弹性，耐久煮

煮熟时间：
1.5分钟/100克

关庙面
特色：烘干零售，带有干货香气，柔韧耐煮

煮熟时间：
1分钟/100克

煮面秘诀大公开

待水沸再入锅快速拌开

煮面时一定要等锅中的水沸之后才能下面，同时要快速将面拌开，避免面条粘结在一起，滚沸下锅可避免面条的面粉大量融入水中，使煮面水变得既糊又浓稠，面条也容易泡水过度而软烂。

添加油分增光亮；添加盐快速煮

煮面时加入少量的油分，可以让煮出来的面条滑溜光亮，带有些许光泽，如同煮饭时添加少许油的道理相同。另外，煮面时添加盐可增加面条软化速度，不需太长时间，就能煮出劲道刚好的面条。

捞起后需沥干水分

除非是干拌面需保留些许水分以利酱料拌散，否则都需将水分沥干。汤面这么做是避免含有水分的面条稀释了之后加入的汤汁，让味道变得不足；炒面中的油面先烫过再沥干，可延长面条的保存时间。

利用油分拌散防粘连

如果是营业的快炒店，面条可先大量烫熟、煮好沥干，之后即可快速取用，不需再每次汆烫面，以节省不少时间，但这些烫好的面条最好加些油拌匀，同时用筷子将面条散热、挑凉，可避免久放之后面条粘连。

基础高汤做法大公开

牛骨高汤 ↓

材料:

A. 牛骨头2500克、牛杂筋肉500克
B. 葱450克、老姜片150克、清水15升、盐45克

做法:

1. 取一汤锅，将材料A以沸水汆烫去血水后，洗净备用。
2. 将汤锅洗净，放入做法1的材料及材料B以中火卤煮4～6小时。
3. 将锅中表面的浮渣捞起丢弃，过多的浮油也一并捞起。
4. 以一般锅卤煮至汤汁收干时，可再加少许清水继续煮至满4小时以上，至高汤量达12升时熄火。
5. 将锅里的煮料过滤，留下来的高汤就是牛骨高汤。

猪骨高汤 ↑

材料:

猪大骨	2500克
葱	20克
姜	20克
水	5升

做法:

1. 猪大骨洗净剁开，加水(分量外)淹过骨头，用小火煮开，倒掉血水，再用清水彻底冲洗干净。
2. 深锅中放入全部材料，煮沸后转小火继续煮4～5个小时，待汤汁呈现浓白色，熄火过滤即可。

肉骨高汤 ↑

材料:

猪大骨	2000克
瘦猪肉	1000克
水	10升
姜	150克
桂圆肉	20克
胡椒粒	10克

做法:

1. 将猪大骨及瘦猪肉汆烫去血水后，洗净备用。
2. 将10升水倒入汤锅内煮开，放入所有材料，再以大火煮至再度滚沸，转小火保持微沸。
3. 捞除浮在表面的泡沫和油渣，再以小火熬煮约4小时即可。

←鸡高汤

材料：
鸡骨架1000克、金华火腿100克、洋葱2颗、水5升

做法：
1. 将鸡骨架放入沸水中氽烫一下，沥干、洗净。
2. 洋葱去皮，与其他材料一起放入深锅中，用大火煮沸(随时捞除浮沫以保持汤汁纯净)，转小火慢慢熬煮至骨架分离、汤色香浓，再熄火过滤即可。

鱼高汤→

材料：
鱼骨头(虱目鱼)1200克、蛤蜊600克、姜片5片、水5000毫升

做法：
1. 将鱼骨头放入沸水中氽烫，捞出洗净。
2. 待蛤蜊完全吐沙后，连同鱼骨头放入深锅中，加姜片与5000毫升一起煮沸，捞去浮沫，转小火继续煮至鱼骨头软烂，熄火后用细网或纱布仔细过滤即可。

↑海带柴鱼高汤

材料：
海带50克、柴鱼片50克、水2000毫升

做法：
1. 海带用布擦拭后，加水在锅中静置隔夜(或静置至少30分钟)。
2. 将锅子移到炉上煮至快沸腾时，马上取出海带，再放入柴鱼片继续煮至出味(约30秒)，捞除浮沫后熄火。
3. 待柴鱼片沉淀后，用细网或纱布过滤汤汁即可。

←蔬菜高汤

材料：
洋葱600克、胡萝卜150克、干香菇25克、圆白菜300克、西芹100克、青苹果250克、水3升

做法：
1. 洋葱去皮；胡萝卜洗净切大块；香菇洗净泡软备用。
2. 将所有材料一起放入深锅中用大火煮沸，转小火，盖上铝箔纸(上面要戳洞)，慢慢熬煮至所有材料软烂、香味溢出熄火过滤即可。

TIPS

综合高汤

可混合所需的各式高汤，依照口感喜好调制而成；也可以将所需的各式高汤材料直接混合熬煮(易烂的蔬果类可于最后再放入)。

302 打卤面

🥟 材料

营养干面100克、大白菜100克、竹笋40克、猪肉丝50克、胡萝卜30克、黑木耳15克、鸡蛋1个、葱花30克

🧂 调味料

市售大骨汤（或水）500毫升、盐1/2小匙、白胡椒粉1/4小匙、水淀粉2大匙、香油1小匙

🍚 做法

1. 将大白菜、竹笋、胡萝卜及黑木耳洗净切成丝。
2. 热锅加入少许油，以小火爆香葱花后，放入猪肉丝炒散。
3. 放入做法1的材料及大骨汤煮开，加入营养干面、盐和白胡椒粉，转小火煮约2分钟至面条熟。
4. 用水淀粉勾芡，关火后将鸡蛋打散淋入拌匀，再加入香油拌匀即可。

303 榨菜肉丝面

🥟 材料

细阳春面100克、葱花适量、榨菜丝250克、瘦肉丝150克、蒜末1大匙、红辣椒片50克

🧂 调味料

A. 盐1/4小匙、糖1小匙、鸡粉1/2小匙、米酒1大匙、香油适量、肉骨高汤100毫升（做法请见P226）
B. 盐1/4小匙、鸡粉1/2小匙、肉骨高汤1000毫升（做法请见P226）

🍚 做法

1. 热锅，倒入2大匙色拉油，放入红辣椒片、蒜末、榨菜丝爆香。
2. 放入瘦肉丝及调味料A炒至汤汁收干。
3. 加入调味料B煮至沸腾，即为榨菜肉丝汤头。
4. 将细阳春面放入沸水中汆烫约1分钟，捞起沥干，放入碗中。
5. 碗中加入适量榨菜肉丝汤头，撒上葱花即可。

304 阳春面

🍅 **材料**

阳春面150克、小白菜35克、葱花适量、油葱酥适量、高汤350毫升

🧂 **调味料**

盐1/4小匙、鸡粉少许

🍚 **做法**

1. 小白菜洗净、切段，备用。
2. 阳春面放入沸水中搅散，等水再次沸腾后再煮约1分钟，放入小白菜段汆烫一下马上捞出、沥干水分，放入碗中。
3. 高汤煮沸，加入所有调味料拌匀，加入面碗中，再放入葱花、油葱酥即可。

305 切仔面

🍅 **材料**

油面200克、韭菜20克、豆芽菜20克、熟瘦肉150克、高汤300毫升、油葱酥少许

🧂 **调味料**

盐1/4小匙、鸡粉少许、胡椒粉少许

🍚 **做法**

1. 韭菜洗净、切段；豆芽菜去根部洗净；把韭菜段、豆芽菜放入沸水中汆烫至熟捞出；熟瘦肉切片，备用。
2. 把油面放入沸水中汆烫一下，沥干水分后放入碗中，加入韭菜段、豆芽菜与瘦肉片。
3. 高汤煮沸，加入所有调味料拌匀，加入面碗中，再加入油葱酥即可。

306 担仔面

🍅 **材料**

细油面200克、鲜虾1尾、韭菜段15克、豆芽菜20克、卤蛋1个、卤肉燥适量、香菜少许、高汤350毫升

🧂 **调味料**

盐少许、鸡粉1/4小匙、胡椒粉少许

🍚 **做法**

1. 鲜虾去肠泥，放入沸水中烫至变色，捞起去头和虾壳；韭菜段和豆芽菜放入沸水略汆烫捞起。
2. 取锅，倒入高汤煮至滚沸，加入调味料混合拌匀。
3. 细油面放入沸水中略汆烫，捞起盛入碗中，放入做法1的材料和卤蛋、卤肉燥，倒入高汤，再撒上香菜即可。

307 红烧牛肉面

 材料

红烧牛肉汤·500毫升
（做法见P231）
拉面……………1把
小白菜…………适量
葱花……………少许

做法

1. 拉面煮约3.5分钟，边煮边以筷子略微搅动，捞出沥干水分备用。
2. 小白菜洗净切段，氽烫约1分钟，捞起沥干水分备用。
3. 取碗，将拉面放入碗中，倒入红烧牛肉汤和熟牛腱块，再放上小白菜段与葱花即可。

红烧牛肉汤做法大解密

🫑 **材料**

牛腱心2条、蒜仁3颗、红葱头3颗、姜50克、牛骨高汤800毫升（做法见P226）、色拉油2大匙、市售卤牛肉香料包1包

🧂 **调味料**

豆瓣酱2大匙、酱油1大匙、糖1小匙、鸡粉1小匙

🍲 **做法**

1. 牛腱切成约2厘米厚的块后，放入沸水中汆烫，去除血水后捞起（见图1）。
2. 姜、蒜仁、红葱洗净切碎，备用。
3. 热锅，加入油烧热，放入做法2的材料爆香，再加入豆瓣酱炒香（见图2~3）。
4. 加入牛腱块炒约2分钟（见图4），加入牛骨高汤和卤牛肉香料包煮沸（见图5~6），改转小火煮约1小时。
5. 加入调味料拌匀，再捞除较大的蒜碎、姜碎等材料即可。

308 西红柿牛肉面

 材料

西红柿牛肉汤500毫升、拉面1把、小白菜适量、葱花少许

 做法

1. 将拉面放入沸水中煮约3.5分钟，期间以筷子略微搅拌数下，再捞出沥干水分备用。
2. 小白菜洗净后切段，放入沸水中略烫约1分钟，捞起沥干水分备用。
3. 取一碗，将拉面放入碗中，倒入西红柿牛肉汤，加入汤中的熟牛肉块，再放上小白菜段与葱花即可。

西红柿牛肉汤

材料：熟牛肉300克、西红柿500克、洋葱150克、牛脂肪50克、姜50克、红葱头30克、牛高汤3000毫升

调味料：盐1小匙、糖1大匙、番茄酱2大匙、豆瓣酱1大匙

做法：1.熟牛肉切块；洋葱切碎；西红柿洗净切小丁；姜与红葱头去皮后切末备用。2.将牛脂肪放入沸水中汆烫去血水，再捞出沥干水分，切小块备用。3.热一锅，锅内加少许色拉油，放入牛脂肪块翻炒至出油，炒至牛脂肪呈现焦、黄、干的状态，即放入姜末、红葱头末与洋葱碎一起炒香，再放入豆瓣酱及西红柿丁略炒，最后加入熟牛肉块再炒约2分钟。4.将牛高汤倒入锅内，以小火煮约1小时后，加入其余调味料再煮15分钟即可。

309 麻辣牛肉面

 材料

麻辣牛肉汤·500毫升
宽面·················1把
小白菜············适量
葱花··············少许

做法

1. 将宽面放入沸水中煮约4.5分钟，期间以筷子略微搅拌数下，捞出沥干水分备用。
2. 小白菜洗净后切段，放入沸水中略烫约1分钟，再捞起沥干水分备用。
3. 取一碗，将宽面放入碗中，倒入麻辣牛肉汤，加入汤中的熟牛腿肉块，再放上小白菜段与葱花即可。

麻辣牛肉汤

材料：熟牛腿肉5000克、葱10克、牛脂肪50克、姜50克、红葱头30克、蒜仁30克、花椒1小匙、干辣椒20克、牛高汤3000毫升
调味料：盐1/2小匙、糖1小匙、辣豆瓣酱2大匙
做法：1.熟牛腿肉切小块；葱洗净切小段；姜洗净去皮拍碎；红葱头洗净去皮切碎；蒜仁切细末；将牛脂肪汆烫去血水，捞出沥干切小块备用。2.热锅，锅内加少许油，放入牛脂肪翻炒至呈焦、黄、干的状态，加入花椒，再放入葱段，小火炒至葱段呈金黄色，继续放入干辣椒炒至呈棕红色，最后放入姜末、红葱头末、蒜末炒约2分钟。3.加入辣豆瓣酱以小火炒约1分钟，再加入熟牛腿肉块炒约3分钟，最后加入牛高汤。4.将做法3的材料全部倒入汤锅内以小火炖煮约1小时，再加入剩余调味料再煮30分钟即可。

材料

宽面200克、火锅牛肉片100克、葱末1小匙

调味料

A. 盐1小匙

B. 牛骨1000克、碎牛肉300克、土鸡骨500克、草果2颗、桂皮15克、花椒1小匙、老姜20克、水5000毫升

做法

1. 将牛骨、鸡骨洗净放入沸水中氽烫后即捞起，以冷水洗净。
2. 在做法1的材料中加入调味料B以小火煮约6小时滤渣成高汤，再加入调味料A煮匀成汤底。
3. 宽面条放入沸水中煮约3分半钟，捞起沥干水分，加入汤底备用。
4. 牛肉片洗净放入沸水中氽烫，捞起沥干水分，放入面条中，再撒上葱末即可。

310 兰州拉面

311 什锦海鲜汤面

 **材料**　　　　　**调味料**

A. 虾仁50克、鱿鱼肉50克、蛤蜊100克

B. 油面150克、大白菜60克、胡萝卜丝15克、葱段30克

市售高汤（或水）250毫升、盐1/2小匙、白胡椒粉1/6小匙、香油1/2小匙

做法

1. 将材料A洗净；大白菜洗净切小块备用。
2. 热锅加入少许油，小火爆香葱段后加入材料A炒匀。
3. 加入高汤、大白菜块及胡萝卜丝煮开。
4. 继续加入油面、盐、白胡椒粉煮约2分钟，淋上香油即可。

312 锅烧意面

材料　　　　　**调味料**

炸意面1球、鲜虾2尾、蛤蜊3颗、鱼板2片、墨鱼3片、上海青1棵、鲜香菇1朵

盐1/2小匙、鸡粉1/2小匙、胡椒粉少许

做法

1. 鲜虾洗净，背部用牙签挑出肠泥；上海青、鲜香菇去头，洗净，备用。
2. 煮一锅600毫升的水，待水沸后，放入鲜虾、鲜香菇、蛤蜊、墨鱼、鱼板与炸意面。
3. 锅中接着放入全部调味料，以及上海青，待再次煮沸拌匀即可。

313 丝瓜蚌面

材料

关庙面100克、蛤蜊150克、丝瓜约250克、姜10克

调味料

米酒30毫升、水350毫升、盐1/4小匙、细砂糖1/6小匙、白胡椒粉1/4小匙、香油1小匙

做法

1. 蛤蜊先浸泡在清水中使其吐净泥沙，洗净后放入沸水中汆烫约15秒至略开口，捞起沥干备用。
2. 丝瓜去皮后切成小块；姜洗净切丝。
3. 热锅加入约2大匙油，小火爆香姜丝，放入丝瓜块略翻炒，再加入水及米酒煮开。
4. 加入关庙面煮约1分钟，放入蛤蜊、盐、细砂糖及白胡椒粉，煮至蛤蜊开口后淋上香油即可。

314 炝锅面

材料

葱	2根
西红柿	1个
鸡蛋	1个
猪肉片	50克
阳春面	1人份
青菜	少许

调味料

酒	1大匙
酱油	1大匙
综合高汤	250毫升

(鸡汤、素高汤混合)

做法

1. 葱洗净切段，西红柿洗净切片，鸡蛋打散成蛋液备用。
2. 起油锅爆香葱段，加入猪肉片炒熟，再加入西红柿片续炒至软，倒入蛋液待稍微凝固再翻炒几下。
3. 沿着锅边炝酒并淋上酱油，逼出香味，再加入综合高汤煮沸。
4. 将阳春面烫熟，沥干后放入锅中，加入青菜一起稍煮后熄火即可。

315 排骨酥面

材料

阳春面2捆、排骨块300克、白萝卜300克、地瓜粉150克、香菜少许、高汤800毫升

腌料

五香粉1小匙、油葱酥1小匙、蒜泥1小匙、葱花1小匙、米酒1大匙、酱油1小匙、盐1小匙、糖1小匙

调味料

盐1小匙、鸡粉1/2小匙

做法

1. 将所有腌料混合均匀，再将排骨块放入腌料中，抓拌均匀腌渍约1个小时。
2. 将腌好的排骨块沾上地瓜粉，用手抓紧实。
3. 将排骨块放入油锅中，炸至表面呈金黄色，约3分钟后捞出，即为排骨酥。
4. 白萝卜去皮切块，放入电锅内锅中，加高汤及排骨酥，放入电锅，于外锅加入1杯水，煮至开关跳起且白萝卜熟软。
5. 将阳春面条煮熟，放入汤碗中，加入做法4的材料及香菜即可。

排骨酥做法大解密

1 先将买回的排骨切成3厘米大小的块状，装进容器里，放在清水下冲洗后沥干。

2 腌料混合调匀后，再放入排骨翻动搅拌腌渍约1小时。

3 将腌渍入味的排骨裹上一层薄薄的地瓜粉。

4 热锅，倒入适量的油烧热至170℃时，放入排骨以中小火炸约4分钟后，转大火炸1分钟至排骨酥呈金黄色时，捞起沥油备用。

5 在油锅中加入蒜仁和葱段，炸约2分钟，起锅后和排骨酥一起沥油备用。

6 把排骨酥和蒜仁、葱段放进容器内，再加入适量的高汤后放置备用。

7 将分装好的排骨酥放进蒸笼内蒸约50分钟。

8 蒸好后的排骨酥略呈焦黄状，汤汁看起来清澈透明。

排骨酥美味秘诀

● 在腌渍酱料中可以多加入1个鸡蛋，可让排骨酥在沾裹地瓜粉时更容易附着且不会掉落。而选择地瓜粉作为排骨酥的裹粉，是因为地瓜粉蒸过后的口感不仅不会变差，吃起来还会增添酥软顺口的感觉。

● 新手炸排骨酥时，建议使用新油，因为炸过的回锅油不好控制，容易将排骨酥炸成焦黑。

NG 排骨酥比一比

成功排骨酥

炸排骨酥时最重要的就是油温是否足够，所以建议读者们在热油锅后，可先放入少许地瓜粉末作为测试，如果地瓜粉末立即浮上油面，即代表可将排骨放入锅中油炸了。想炸出成功的排骨酥除了在固定的油温下慢慢炸外，起锅前转大火将排骨酥内的油质逼出也是诀窍之一，如此才能炸出肉质不油腻、口感酥脆的排骨酥。

失败排骨酥

如果油温不足就放入排骨酥，会导致排骨酥油炸的时间过久，而产生外部焦黑的情况。如果火候忽大忽小，没有掌控好，将会让起锅的排骨酥呈现外部炸熟、内部却还未熟的情形。

316 香菇肉羹面

材料

肉羹200克、香菇2朵、红葱末5克、蒜末5克、胡萝卜丝15克、熟笋丝20克、豆芽菜适量、高汤700毫升、水淀粉适量、细油面200克、香菜适量

调味料

A. 淡色酱油1大匙、盐少许、冰糖1/3大匙、鸡粉1/2小匙
B. 香油少许、乌醋少许、胡椒粉少许

做法

1. 香菇洗净泡软、切丝，备用。
2. 热锅，加入1大匙色拉油，爆香红葱末、蒜末，至金黄色后取出，即成红葱蒜酥。
3. 锅中放入香菇丝炒香，加入高汤煮沸，再放入胡萝卜丝、熟笋丝煮约1分钟，接着加入红葱蒜酥，以及调味料A与水淀粉勾芡。
4. 煮一锅水，待水沸后，放入细油面拌散、略烫约15秒，捞起沥干水分，盛入碗中，再将肉羹与豆芽菜放入沸水中略烫，盛入碗中。
5. 在肉羹面碗中加入适量做法3的羹汤，加入调味料B拌匀，并撒上少许香菜增味即可。

肉羹做法大解密

材料
猪瘦肉200克、肥膘50克、油葱酥5克

调味料
A. 盐1/2小匙、糖1/2小匙、五香粉1/4小匙、胡椒粉1/4小匙、香油1/4小匙
B. 淀粉10克

做法

1. 猪瘦肉洗净，切除筋膜后以肉槌拍成泥（见图1）。
2. 肥膘洗净，以刀剁成泥（见图2）。
3. 将猪瘦肉泥放入盆中，先加入盐拌匀后用力摔打约10分钟，再加入其余调味料A和油葱酥继续摔打约1分钟（见图3~4）。
4. 将肥膘泥加入拌匀，摔打约3分钟后加入调味料B充分搅拌均匀，封上保鲜膜放入冰箱冷藏约30分钟（见图5~7）。
5. 锅中加水至约6分满，烧热至油温为85℃～90℃，取出冷藏的肉泥，以食指整成长条状（见图8），放入热水中以小火煮至浮出水面约30秒钟后，捞起沥干水分（见图9），并放至冷却即可。

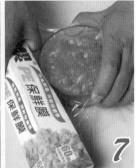
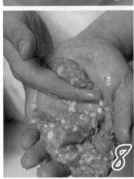

317 牡蛎面

材料

油面200克、牡蛎100克、韭菜段30克、油葱酥适量、高汤350毫升、地瓜粉适量

调味料

盐1/4小匙、鸡粉少许、米酒少许、白胡椒粉少许

做法

1. 牡蛎洗净、沥干水分,放入地瓜粉中拌匀(让牡蛎表面均匀裹上地瓜粉即可),再放入沸水中氽烫至熟,捞出备用。
2. 把油面与韭菜段放入沸水中氽烫一下,捞出放入碗中,再放入牡蛎。
3. 把高汤煮沸后加入所有调味料拌匀,接着倒入盛面的碗中,再放入油葱酥即可。

318 鹅肉面

材料

熟鹅肉100克、姜丝少许、葱1根、高汤500毫升、油面200克

调味料

鸡粉1/4小匙、盐1/4小匙、胡椒粉少许、香油少许

做法

1. 葱洗净切粒;熟鹅肉切片,备用。
2. 将高汤煮沸,加入鸡粉和盐拌匀,备用。
3. 煮一锅水,待水沸后,放入油面拌散氽烫,立即捞起沥干水分,盛入碗中。
4. 在面碗中摆入葱粒、鹅肉片、姜丝,淋入适量高汤,最后加入香油及胡椒粉增味即可。

319 鱿鱼羹面

材料

高汤2000毫升、柴鱼片20克、胡萝卜丁适量、白萝卜丁适量、水发鱿鱼300克、水淀粉适量、油面110克、罗勒适量

调味料

A. 盐4克、糖5克
B. 沙茶酱适量、白胡椒粉适量、鸡粉适量、香油适量
C. 辣椒油适量

做法

1. 高汤、柴鱼片及调味料A一起煮沸后滤渣,再加入调味料B煮匀,以水淀粉勾薄芡备用。
2. 鱿鱼浸泡在清水中至无碱味,洗净后切长块,放入沸水中氽烫至熟;胡萝卜丁、白萝卜丁放入沸水氽烫至熟;罗勒洗净,备用。
3. 油面放入沸水中氽烫至熟,捞出沥干放入汤碗里,加入鱿鱼块、胡萝卜丁、白萝卜丁,淋上适量做法1的汤汁,再添加辣椒油、罗勒拌匀即可。

320 沙茶羊肉羹面

 材料

油面200克、羊肉片100克、熟笋丝20克、蒜末适量、高汤500毫升、水淀粉适量、罗勒适量

调味料

A. 沙茶酱1/3大匙、盐少许、米酒1小匙
B. 沙茶酱1大匙、酱油1/2大匙、盐少许糖1/2小匙、鸡粉少许

做法

1. 羊肉片洗净沥干，备用。
2. 热锅，加入1大匙色拉油，爆香蒜末，再加入羊肉片拌炒，继续加入调味料A炒熟后，盛起备用。
3. 将锅重新加热，放入1大匙色拉油爆香蒜末，继续加入调味料B中的沙茶酱炒香，接着倒入高汤、熟笋丝与剩余的调味料B，煮沸后用水淀粉勾芡，即为羹汤。
4. 将油面放入沸水中汆汤，立即捞起沥干水分，盛入碗中，再加入适量的羊肉片、羹汤，并加入罗勒增味即可。

面条篇 ○ 汤面 ○ 干拌面 ○ 炒面 ○ 手工面条

321 鱼酥羹面

材料

鱼酥10片、干香菇15克、笋丝50克、干金针花10克、柴鱼片8克、油蒜酥10克、高汤2000毫升、香菜叶少许、油面150克

调味料

盐1.5小匙、白砂糖1小匙、淀粉50克、水75毫升

做法

1. 干香菇洗净泡软后，切丝；干金针花洗净泡软后去蒂；将上述材料和笋丝一起放入沸水中略汆烫至熟，捞起放入盛有高汤的锅中以中大火煮至滚沸，再加入盐、白砂糖、柴鱼片、油蒜酥继续以中大火煮至滚沸。
2. 将淀粉和水调匀，缓缓淋入其中，并一边搅拌至完全淋入，待再次滚沸后盛入碗中，并趁热加入鱼酥和香菜叶。
3. 将油面汆烫熟，加入适量羹汤即可。

322 大面羹

 材料

大面条200克、猪肉泥180克、红葱末30克、虾皮10克、虾米10克、碎萝卜干100克、韭菜80克、水2100毫升

调味料

A. 酱油2大匙、米酒1小匙、糖1/2小匙
B. 胡椒粉少许、陈醋少许

做法

1. 热锅，加入2大匙色拉油，爆香20克红葱末，至微干时加入猪肉泥炒散，继续加入调味料A炒香，再加入500毫升的水煮沸，盖上锅盖，转小火继续煮约40分钟，即为肉臊。
2. 另起油锅，放入1大匙色拉油，爆香10克红葱末，再加入虾皮、虾米炒香，继续放入碎萝卜干炒至无水分，接着加入胡椒粉炒香，即为配料。
3. 韭菜切段，放入沸水中汆烫熟，再捞出沥干备用。
4. 大面条切段，放入1600毫升的沸水中，将大面条段煮至汤稠，即为大面羹。
5. 食用时取碗盛装适量大面羹，再加入适量肉臊的配料、韭菜段，最后添加少许陈醋增味即可。

323 香油鸡面线

材料

鸡腿	1个
老姜	1块
桂圆肉	20克
枸杞子	10克
水	600毫升
面线	100克

调味料

香油	2大匙
米酒	200毫升
鸡粉	少许

做法

1. 将姜块切片备用。
2. 用香油热锅，爆香姜片，再放入鸡腿肉一起炒。
3. 加入米酒和水，煮约10分钟至鸡肉熟软后加入桂圆肉和枸杞子，转小火焖10分钟，最后加入鸡粉调味，即成香油鸡汤。
4. 将面线放入热水中煮熟后，加入香油鸡汤与鸡肉即可。

324 当归鸭面线

材料

A. 鸭肉900克、红面线200克、水900毫升、姜片15克
B. 党参10克、黄芪18克、川芎8克、黑枣5颗、熟地1片、枸杞子15克、蜜甘草6克、当归10克、桂皮5克、桂枝5克

调味料

米酒400毫升、盐少许

做法

1. 将鸭肉剁大块，放入沸水中氽烫约2分钟，捞出冲冷水、洗净，备用。
2. 把所有中药材洗净，桂皮拍碎，备用。
3. 将鸭肉块放入砂锅中，接着放入所有药材与姜片，再加入水与米酒煮沸，转小火盖上锅盖再煮约1小时。
4. 把红面线放入沸水中煮约5分钟，捞出沥干水分放入碗中，再放入少许盐调味，最后加入鸭肉块与汤汁即可。

325 肉骨茶面

材料

肉骨茶汤头500毫升、面150克、熟排骨200克、油条1条

调味料

盐1/2小匙

做法

1. 将肉骨茶汤头加调味料煮沸；面烫熟捞起置于碗中备用。
2. 取之前熬煮汤头中的熟排骨切小块，油条撕小块，铺于面上，淋上肉骨茶汤头即可。

肉骨茶汤头

材料：猪大骨500克、猪骨500克、排骨200克、蒜头1颗、水3000毫升、市售肉骨茶药包1份、胡椒粒少许

做法：1. 将猪大骨、猪骨、排骨烫过洗净。2. 将做法1的材料与蒜头、肉骨茶药包、胡椒粒一起放入锅内，以小火熬煮约4小时即可。

326 酸辣汤面

 材料

A. 蒜末5克、姜末5克、葱末5克、红辣椒末10克、肉丝100克

B. 胡萝卜丝15克、黑木耳丝25克、熟笋丝25克、酸菜丝25克、鸭血切丝50克、老豆腐切丝50克

C. 高汤900毫升、水淀粉适量、鸡蛋1个（打散成蛋液）、手工面条175克、香菜适量

调味料

盐1/2小匙、鸡粉1/2小匙、糖1/2大匙、辣椒酱1/2大匙、陈醋1/2大匙、白醋1大匙、香油少许、胡椒粉少许

做法

1. 热锅，爆香材料A（肉丝除外），再加入肉丝炒至肉色变白后，取出备用。
2. 将锅重新加热，倒入高汤煮沸，再加入材料B拌煮约2分钟，接着加入调味料以及肉丝，煮沸后用水淀粉勾芡，并慢慢倒入蛋液拌匀，即为酸辣汤。
3. 煮一锅水，待水沸后，放入手工面条拌散，煮约1分钟后再加1碗冷水，继续煮约1分钟再次滚沸后，即捞起沥干水分，盛入碗中。
4. 在面碗中加入适量酸辣汤，并撒上少许香菜增味即可。

327 正油拉面

材料

拉面110克、正油高汤600毫升、鲜虾2尾、笋干适量、玉米粒适量、葱花适量、鱼板2片、海苔片2片、奶酪片2片

做法

1. 将拉面放入沸水中煮熟，捞起沥干放入汤碗中。
2. 加入正油高汤，再加上烫过的鲜虾、烫过的笋干、玉米粒、葱花、鱼板。
3. 食用前再加上海苔片及奶酪片即可。

正油高汤

材料：A. 猪大骨1500克、猪脚大骨1000克、鸡骨架1000克、鸡脚1000克 B. 洋葱250克、葱250克、圆白菜300克、胡萝卜300克、长葱150克、蒜仁75克 C. 水1.5升、盐35克

做法：1. 将材料A洗净，放入沸水中汆烫去血水，捞出洗净备用。2. 材料B洗净，切大块备用。3. 将做法1的材料与做法2的材料放入大锅中，加入材料C以中火煮3~4个小时即可。

328 地狱拉面

材料

拉面150克、叉烧肉片1片、油豆腐2个、玉米笋3根、金针菇20克、上海青30克、麻辣汤500毫升

调味料

盐1小匙

做法

1. 玉米笋、金针菇、上海青洗净并沥干水分；玉米笋洗净斜刀对切，备用。
2. 麻辣汤加入调味料煮沸，盛入碗中。
3. 将拉面放入沸水中煮约3分钟后，放入做法1的材料及油豆腐一起煮熟捞起沥干水分，放入麻辣汤碗中，再放上叉烧肉片即可。

麻辣汤

材料：A. 牛脂肪100克、牛骨2000克、鸡骨3000克、水10升 B. 洋葱30克、葱段15克、姜片30克、花椒3大匙、草果3粒、干辣椒20克、辣椒酱50克、辣豆瓣酱50克
做法：将牛脂肪洗净，放入干锅中干炸出油，再放入材料B以小火炒5分钟，最后倒入汤锅加入其余材料，以小火熬煮6小时即可。

329 猪骨拉面

材料

拉面	150克
温泉蛋	1个
烧海苔	1片
叉烧肉片	1片
葱丝	20克
猪高汤	500毫升

（做法见P226）

调味料

盐…………1小匙

做法

1. 温泉蛋对切备用。
2. 将猪高汤加入调味料煮沸，盛入碗中备用。
3. 将面条放沸水中煮约3分钟，捞起沥干水分，放入猪高汤碗中，再放上温泉蛋、叉烧肉、烧海苔、葱丝即可。

做面食 轻松就上手

330 味噌拉面

🍲 材料

拉面150克、虾仁50克、小章鱼30克、鲟味棒1根、泡发鱿鱼80克、葱丝20克、猪高汤500毫升（做法见P226）

🧂 调味料

A. 盐1/4小匙、米酒1小匙、细砂糖1/4小匙
B. 味噌100克

🍚 做法

1. 鱿鱼洗净切花；鲟味棒对切，备用。
2. 虾仁、小章鱼洗净沥干水分备用。
3. 将味噌放入猪高汤中化开，再加入调味料A一起煮沸，放入做法1、做法2的材料，一起煮沸盛入碗中。
4. 将面条在沸水中煮约3分钟，捞起沥干水分放入汤碗中，再放上葱丝即可。

331 盐味拉面

🍲 材料

家常面150克、鱼板3片、火腿肠1根、鲜香菇2朵、荷兰豆荚3根、市售卤笋干80克、熟蛋1/2个、鱼高汤500毫升

🧂 调味料

盐1小匙

🍚 做法

1. 火腿肠对切；荷兰豆去蒂洗净并沥干水分，备用。
2. 将鱼高汤加入调味料一起煮沸，盛入碗中备用。
3. 面条放入沸水中煮约3分钟，继续放入做法1的材料、鲜香菇、鱼板、卤笋干、熟蛋即可。

鱼高汤

材料：鱼骨1000克、鲢鱼尾2000克、鲫鱼1000克、水10升、老姜200克、葱50克
做法：鱼骨及鱼肉用适量油煎至焦黄，放入汤锅，加入其余材料以中火煮3小时即可。

332 酱油叉烧拉面

材料
拉面（氽烫）1人份、梅花肉200克、姜片5片、水1000毫升、柴鱼素3克、市售卤蛋1/2颗、市售卤笋干30克、海带芽（还原）3克、豆芽菜（氽烫）50克、葱花适量

调味料
酱油50毫升、味醂30毫升、蚝油10毫升

做法
1. 取锅，放入梅花肉、水与姜片，煮约30分钟后（中途捞除浮沫）取出，加入柴鱼素，熄火，即为高汤，备用。
2. 取50毫升高汤与所有调味料拌匀为卤汁，再放入肉块用小火烧至上色，煮至卤汁变稠，即捞起肉切片，即为叉烧肉。
3. 取一大碗，加入2大匙卤汁，再淋入高汤，盛入氽烫煮熟的拉面沥干，再依序摆放上叉烧肉片、卤蛋、卤笋干、沥干海带芽、豆芽菜、葱花即可。

333 味噌泡菜乌龙面

材料
乌龙面1小包、牛蒡丝20克、五花薄肉片50克、胡萝卜1片、香菇1朵、泡菜100克、豆腐1/4块、香油1大匙、水250克、葱丝少许

调味料
味噌20克、酱油1小匙、米酒1大匙

做法
1. 将所有调味料材料混合；乌龙面条氽烫开捞起、沥干；五花薄肉片切段；胡萝卜切花形备用。
2. 热锅，倒入适量香油烧热，放入五花肉片以中火炒至变色，再放入牛蒡丝、泡菜拌炒后，加入水煮开；最后放入香菇、豆腐、乌龙面。
3. 锅中加入做法1的调味料略煮，再撒上少许葱丝即可。

常用的干面酱

傻瓜干面酱

材料：

A. 酱油3大匙、陈醋1.5大匙、糖1/2大匙、红辣椒末少许、辣椒油少许

B. 猪油1大匙、葱花2大匙、香菜末少许

做法：

1. 将材料A拌匀成综合酱汁备用。
2. 食用时将综合酱汁与材料B一起拌入面中即可。

红油抄手酱

材料：

辣椒油2大匙、花生粉1/2大匙、糖2大匙、陈醋1小匙、酱油4大匙、葱花适量、香菜末适量

做法：

所有材料混合搅拌均匀即可。

蚝油番茄酱

材料：

蚝油2大匙、糖1/2大匙、番茄酱1大匙、葱花1小匙

做法：

所有材料混合搅拌均匀即可。

台式油面酱

材料：

壶底油1大匙、陈醋1小匙、糖1/2大匙、红辣椒末1/2小匙、蒜末1/2小匙

做法：

所有材料混合搅拌均匀即可。

红油南乳酱

材料：
辣椒油2大匙、南乳(红腐乳)1.5小块、蚝油2大匙、糖2大匙、葱花1大匙

做法：
所有材料混合搅拌均匀即可。

沙茶拌酱

材料：
沙茶酱2大匙、酱油1大匙、糖1大匙、香油少许香菜少许

做法：
所有材料混合搅拌均匀即可。

海山味噌酱

材料：
海山酱3大匙、味噌1大匙、酱油膏1大匙、香油1大匙、糖1大匙、冷开水1/3杯、葱花少许

做法：
所有材料混合搅拌均匀即可。

梅肉酱

材料：
腌渍梅子5粒、酱油膏3大匙、糖1/2小匙、酱油2大匙、冷开水3大匙

做法：
将梅肉切碎，与其他所有材料混合搅拌均匀即可。

334 干拌意面

材料

意面……………150克
豆芽菜…………25克
韭菜……………20克
葱花…………… 少许
肉燥…………… 适量

调味料

色拉油………… 少许
盐……………… 少许

做法

1. 豆芽菜洗净去根部；韭菜洗净、切段，备用。
2. 取一锅，加水煮沸，加入少许色拉油与盐，放入意面煮至沸腾后，再加入1碗冷水，再次沸腾后加入的豆芽菜与韭菜段烫熟，一起捞出放入碗中。
3. 在碗中淋上肉燥、撒上葱花即可。

335 沙茶拌面

材料

蒜末……………12克
阳春面…………90克
葱花……………6克

调味料

沙茶酱…………1大匙
猪油……………1大匙
盐………… 1/8小匙

做法

1. 将蒜末、沙茶酱、猪油及盐加入碗中一起拌匀。
2. 取锅加水烧沸后，放入阳春面用小火煮1～2分钟，期间用筷子将面条搅散，煮好后将面捞起，并稍沥干水分备用。
3. 将煮好的阳春面放入碗中拌匀，再撒上葱花即可，亦可依个人喜好加入陈醋、辣椒油或辣椒渣拌食。

336 福州傻瓜面

材料

阳春面……………2捆
葱花……………1大匙

调味料

陈醋……………2大匙
酱油……………2大匙
糖………………1小匙
香油……………1小匙

做法

1. 将所有调味料放入碗中，混合拌匀。
2. 将阳春面放入滚水中搅散，煮约3分钟，期间以筷子略搅动数下，捞出沥干水分。
3. 将煮熟的阳春面放入加有调味料的碗内拌匀，撒上葱花即可。

337 炸酱面

🫐材料

拉面·····················1捆
葱·····················1根

🧂调味料

炸酱·····················适量

🍚做法

1. 葱洗净、切成葱花，备用。
2. 煮一锅沸水，将拉面放入其中搅散，煮约3分钟，期间以筷子略搅动数下，捞出沥干水分，备用。
3. 将拉面放入碗中，淋上适量炸酱，再撒上葱花，食用前搅拌均匀即可。

传统炸酱做法大解密

材料

猪肉泥200克、洋葱1/2个、胡萝卜50克、毛豆
30克、豆瓣酱2大匙、水150毫升

调味料

糖1小匙、鸡粉1/2小匙

做法

1. 将洋葱去皮切丁（见图1）；胡萝卜洗净切丁。
2. 猪肉泥炒至出油，加入洋葱丁，炒至呈金黄色
   （见图2）。再加入豆瓣酱，炒约2分钟至香味
   散出，再加入胡萝卜丁炒匀（见图3）。
3. 锅中加水，拌炒至水沸（见图4），再加入调味
   料，以小火煮约1分钟（见图5）。
4. 炒至汤汁略收干，起锅前加入毛豆煮匀，即为
   炸酱（见图6）。

美味秘诀

有些炸酱的做法还会加入豆干丁，可依
个人喜好选择添加，另外也可将肉泥替换成
手切五花肉，香气更足。

338 四川担担面

材料

猪肉泥120克、红葱末10克、蒜末5克、葱末15克、花椒粉少许、干辣椒末适量、葱花少许、熟白芝麻少许、细阳春面110克

调味料

红油1大匙、芝麻酱1小匙、蚝油1/2大匙、酱油1/3大匙、盐少许、细砂糖1/4小匙

做法

1. 热锅，加入1大匙色拉油，爆香红葱末、蒜末，加入猪肉泥炒散，再放入葱末、花椒粉、干辣椒末炒香。
2. 锅中继续放入全部调味料拌炒入味，再加入100毫升的水（材料外）炒至微干入味，即为四川担担酱。
3. 煮一锅水，加入少量的油煮沸（分量外），再放入细阳春面拌散，煮约1分钟后捞起沥干，盛入碗中。
4. 在面碗中加入适量四川担担酱，再撒上葱花与熟白芝麻即可。

339 辣味麻酱面

材料

阳春面150克、蒜末20克、韭菜段20克、花椒10克、红辣椒粉30克、色拉油80毫升、水3000毫升、豆芽菜30克

调味料

A. 麻酱汁1大匙、蚝油1小匙、麻辣油1小匙、盐1/4小匙、细砂糖1/4小匙、面汤100毫升、鸡粉少许
B. 盐1/2小匙、水10毫升

做法

1. 花椒泡入能刚好将其淹过的水中，约10分钟后将水沥干;红辣椒粉用约10毫升水拌湿，放至大碗中，备用。
2. 将锅烧热，放入色拉油，开小火，加入花椒炸约2.5分钟即用滤网捞起，再放入蒜末炒至金黄色，将色拉油及蒜末盛起并倒入盛红辣椒粉的大碗中拌匀，再依序加入调味料A充分拌匀即成辣味麻酱。
3. 取一汤锅，放入3000毫升水，煮开后，先加入1/2小匙的盐，再放入阳春面煮2分钟，等水再次煮开后捞起摊开备用，再放入韭菜段及豆芽菜略烫5秒钟后捞起备用。
4. 将辣味麻酱倒入阳春面搅拌均匀后，再铺上烫过的韭菜段及豆芽菜即可。

340 酸辣拌面

🍲 材料

拉面100克、猪肉泥60克、葱花5克、碎花生10克、花椒粉1/8小匙、香菜少许

🧂 调味料

A. 酱油1大匙
B. 蚝油1大匙、香醋1大匙、细砂糖1/4小匙、辣椒油2大匙

🍚 做法

1. 热锅加入少许油，放入猪肉泥以小火炒至松散，加入酱油炒至汤汁收干，取出备用。
2. 将调味料B放入碗中拌匀成酱汁。
3. 烧一锅水，水沸后放入拉面拌开，小火煮约1.5分钟，捞起稍沥干水分，倒入大碗中。
4. 撒上肉末、葱花、碎花生及花椒粉，淋上酱汁拌匀，撒上香菜即可。

341 哨子面

🍲 材料

细阳春面150克、猪肉泥100克、虾米1/2小匙、荸荠2颗、洋葱丁15克、黑木耳20克、涨发香菇1朵、葱花5克、鸡蛋1个、高汤300毫升、水淀粉1大匙

🧂 调味料

酱油1小匙、蚝油2小匙、香油1/2小匙

🍚 做法

1. 荸荠、黑木耳、香菇、虾米洗净并沥干水分，分别切成小丁备用。
2. 热锅，加入1/2大匙的油及肉泥，将猪肉泥炒至焦黄后，加入洋葱丁及做法1所有材料一起炒约2分钟，再加再入清高汤以小火煮约10分钟。
3. 另热锅，加入适量油，将鸡蛋打散后加入锅中，炒散后盛出。
4. 锅中加水煮沸，放入面条煮约2分半钟，捞出沥干水分放入碗中，再加入做法2的材料及鸡蛋，撒上葱花即可。

342 椒麻牛肉拌面

材料

牛肋条300克、细阳春面2把、牛骨高汤300毫升（做法见P226）、干辣椒15克、花椒1/2小匙、洋葱片80克、蒜苗片1小匙

调味料

蚝油1大匙、盐1/4小匙、陈醋2小匙

做法

1. 先将牛肋条放入沸水中氽烫去血水，再捞起沥干切小块；干辣椒剪成小段，泡水至软备用。
2. 热锅，倒入2大匙色拉油，将泡软的干辣椒和花椒以小火炸至呈棕红色后捞出沥油，再切成细末。
3. 另热锅，加入适量色拉油，放入做法2的材料、洋葱片、牛肋条块炒约3分钟后加入牛骨高汤和调味料，煮至材料变软。
4. 将细阳春面放入沸水中煮熟，期间以筷子略为搅动数下，即捞起沥干，放入碗内。
5. 将做法3的材料倒入面上，再撒上蒜苗片即可。

面条篇
汤面 · 干拌面 · 炒面 · 手工面条

343 叉烧捞面

材料

鸡蛋面…………120克
叉烧肉…………100克
绿豆芽…………50克
葱花………………少许

调味料

蚝油……………1大匙
市售红葱油……1大匙
凉开水…………1大匙

做法

1. 烧一锅水，水沸后放入鸡蛋面拌开，以小火煮约1分钟，捞起沥干水分，放入大碗中。
2. 绿豆芽氽烫熟后放至鸡蛋面上，再铺上切好的叉烧肉薄片。
3. 将所有调味料拌匀成酱汁，淋至面上，再撒上葱花，食用时拌匀即可。

344 酸辣牛肉拌面

材料

牛肋条300克、宽阳春面2把、牛骨高汤200毫升（做法见P226）、洋葱末80克、葱花1小匙、酸菜50克、辣椒油1小匙

调味料

酱油1大匙、醋1.5小匙、盐1/4小匙、糖1小匙

做法

1. 将牛肋条放入沸水中汆烫，捞起沥干切段。
2. 热锅，倒入适量食用油，放入洋葱末炒香，再放入牛肋块炒约3分钟，最后加入牛骨高汤、调味料拌匀，将牛肋条块煮软。
3. 将宽阳春面放入沸水中煮熟，期间以筷子略为搅动数下，即捞起沥干，放入碗内，备用。
4. 在做法2的材料中加入辣椒油、醋与熟宽阳春面拌匀，再放入酸菜即可。

345 香油面线

材料

手工白面线300克、老姜片50克、油葱酥适量

调味料

黑香油50毫升、米酒50毫升、水300毫升、鸡粉1小匙、细砂糖1/2小匙

做法

1. 将手工白面线放入沸水中，汆烫约2分钟至熟，盛入碗中备用。
2. 起一炒锅，倒入黑香油与老姜片，以小火慢慢爆香至老姜片卷曲，再加入米酒、水以大火煮至沸腾后，加入鸡粉、细砂糖调味。
3. 将汤汁与油葱酥淋在面线上拌匀即可。

346 苦茶油面线

材料

白面线350克、圆白菜100克、胡萝卜丝15克、姜末10克、苦茶油3大匙

调味料

盐少许

做法

1. 圆白菜洗净切丝，备用。
2. 烧一锅滚沸的水，将白面线、胡萝卜丝及圆白菜丝分别放入沸水中汆烫约2分钟，捞出备用。
3. 热油锅，放入2大匙苦茶油烧热，以小火爆香姜末熄火，放入胡萝卜丝、圆白菜丝及白面线中，再放入少许盐调味拌匀即可。

材料

熟凉面150克、传统凉面酱适量、熟鸡丝30克、小黄瓜1/4条、胡萝卜15克、鸡蛋1个

做法

1. 鸡蛋打散，加入少许盐(材料外)拌匀后，用滤网过滤。
2. 平底锅加热，用厨房纸巾在锅面抹上薄薄一层油，倒入蛋液摇晃摊平，以小火煎至凝固，将蛋皮卷成卷状后切丝。
3. 将小黄瓜、胡萝卜洗净切丝，放在水龙头下以细水冲约5分钟保持脆度，再沥干备用。
4. 将凉面放到沸水中氽烫一下，捞起沥干，洒上适量油（材料外）拌匀防止沾粘，待冷却备用。
5. 将凉面放入盘中，淋上适量的传统凉面酱，再放上小黄瓜丝、胡萝卜丝、蛋丝、熟鸡丝即可。

传统凉面酱

材料：麻酱1.5大匙、花生酱1小匙、凉开水4大匙、酱油1大匙、蒜泥1小匙、乌醋1小匙、白醋2小匙、糖2小匙、盐1/4小匙
做法：将麻酱和花生酱混合，再用凉开水调开，最后加入其余材料混合拌匀即可。

347 传统凉面

348 香辣麻酱凉面

材料

油面170克、洋火腿丝60克、胡萝卜丝40克、小黄瓜丝60克、蛋皮丝20克、香辣麻酱适量

做法

1. 取一锅水煮沸，放入胡萝卜丝氽烫5秒捞起，沥干放凉，备用。
2. 油面装盘，铺上洋火腿丝、胡萝卜丝、小黄瓜丝及蛋皮丝。
3. 淋上调好的香辣麻酱，食用时拌匀即可。

香辣麻酱

材料：芝麻酱1大匙、蒜泥15克、盐1/6小匙、白醋2小匙、细砂糖1大匙、凉开水50毫升、辣椒油1大匙
做法：将芝麻酱慢慢加入凉开水调稀，再加入其余材料拌匀即可。

349 茄汁凉面

材料

菠菜面100克、熟鸡丝60克、绿豆芽50克、西红柿丁120克、茄汁酱适量

做法

1. 烧一锅水，放入绿豆芽汆烫5秒捞出，沥干放凉。
2. 放入菠菜面煮熟后，摊开放凉，盛盘，铺上熟鸡丝、西红柿丁及绿豆芽。
3. 将调好的茄汁酱淋至面上，食用时拌匀即可。

茄汁酱

材料：蒜泥10克、洋葱泥10克、柠檬汁1小匙、番茄酱2大匙、细砂糖1大匙、凉开水30毫升
做法：将所有酱汁材料混合拌匀即可。

350 腐乳酱凉面

材料

细拉面100克、熟鸡丝60克、胡萝卜丝50克、小黄瓜丝60克、辣腐乳酱适量

做法

1. 取一锅水煮沸，放入胡萝卜丝汆烫5秒后捞出放凉。
2. 原锅放入细拉面煮熟，捞起沥干，摊开放凉后盛盘，铺上熟鸡丝、胡萝卜丝、小黄瓜丝。
3. 淋上调好的辣腐乳酱，食用时拌匀即可。

辣腐乳酱

材料：辣豆腐乳1大匙、蒜泥15克、细砂糖1小匙、凉开水30毫升、香油1小匙

做法：将辣豆腐乳压成泥，加入凉开水调稀，再加入其余材料拌匀即可。

351 芥末凉面

材料

全麦面条100克、熟鸡丝60克、胡萝卜丝50克、小黄瓜丝60克、蛋皮丝20克、海苔丝少许

做法

1. 取一锅水煮沸，将胡萝卜丝下锅汆烫5秒后，捞出沥干放凉。
2. 原锅放入全麦面条煮熟后，摊开放凉再盛盘，铺上熟鸡丝、胡萝卜丝、小黄瓜丝、蛋皮丝及海苔丝。
3. 将调好的酱汁淋至面条上，食用时拌匀即可。

蒜味芥末酱

材料：蒜泥5克、芥末酱1小匙、鲣鱼酱油2大匙、凉开水30毫升

做法：将所有调味料拌匀成酱汁即可。

352 山药荞麦冷面

 材料

A. 荞麦面100克、山药100克、
　熟白芝麻适量
B. 七味粉少许、海苔丝少许、
　山葵酱少许

🧂 调味料

水200毫升、淡色酱油40毫升、
味醂40毫升

🍚 做法

1. 山药磨泥备用。
2. 将沾酱材料混合均匀，以小火煮开，
　冷却后冷藏即成酱汁。
3. 荞麦面放入沸水中，煮熟捞起冲冷
　水，沥干后盛盘，撒上熟白芝麻
　备用。
4. 将酱汁盛入容器中，再加入山药泥和
　材料B的所有材料即成蘸酱。
5. 食用时取适量荞麦面，蘸取酱汁即可。

353 韩式泡菜凉面

🍱 材料

全麦面条………	100克
韩式泡菜………	150克
小黄瓜丝………	30克
水煮蛋………	1/2个
熟肉片………	40克
熟白芝麻………	1小匙
葱花………	10克

🧂 调味料

蒜泥………	10克
韩式辣椒酱……	1大匙
细砂糖………	2小匙
凉开水………	2大匙
香油………	2小匙

🍚 做法

1. 将所有调味料拌匀，加入葱花及熟白芝麻即为
　酱汁；韩式泡菜切小片。
2. 烧一锅沸水，放入全麦面条煮熟，摊开放凉后
　盛盘，铺上小黄瓜丝、韩式泡菜片、熟肉片及
　水煮蛋。
3. 将调好的酱汁淋至面条中，食用时拌匀即可。

354 家常炒面

🥘 材料
鸡蛋面150克、洋葱丝20克、胡萝卜丝10克、肉末50克、油葱酥10克、小白菜50克

🧂 调味料
酱油1/2小匙、白胡椒粉1/2小匙

🍲 做法
1. 取锅，加水煮沸，再加入少许盐（材料外），将鸡蛋面放入锅中，用筷子一边搅拌至滚沸。
2. 加入100毫升的冷水煮至再次滚沸，再重复前述动作加两次100毫升的冷水，将煮好的面捞起来沥干，加入少许油拌匀，防止面条粘住。
3. 取锅，加入少许油烧热，放入洋葱丝、胡萝卜丝、油葱酥和肉末炒香，加入少许水和调味料，放入煮熟的面条快速拌炒，盖上锅盖焖煮至汤汁略收干，起锅前再加入青菜，略翻炒即可。

355 三鲜炒面

🥘 材料
油面250克、鱼肉50克、乌贼1尾、洋葱1/4颗、水300毫升、青菜30克、虾仁60克、油2大匙

🧂 调味料
盐1/2小匙、蚝油1大匙、米酒1大匙

🍲 做法
1. 鱼肉切片；乌贼清理洗净切花；洋葱切丝；青菜洗净切段，备用。
2. 取锅烧热后加入2大匙油，放入洋葱丝与木耳丝略炒，加水与调味料，待沸腾后放入油面，盖上锅盖以中火焖煮3分钟。
3. 锅内加入鱼肉、乌贼与虾仁，开盖煮2分钟，再放入青菜段翻炒即可。

356 木须炒面

 材料

宽面200克、猪肉丝100克、胡萝卜丝15克、黑木耳丝40克、姜丝5克、葱末10克、高汤60毫升

调味料

酱油1大匙、糖1/4小匙、盐少许、陈醋1/2大匙、米酒1小匙、香油少许

做法

1. 将宽面放入沸水中煮约4分钟后捞起，冲冷水至凉后捞起沥干备用。
2. 热锅，加入2大匙色拉油，再放入葱末、姜丝爆香，放入猪肉丝炒至变色。
3. 锅内加入黑木耳丝和胡萝卜丝炒匀，再加入除香油外的所有调味料、高汤和宽面条一起快炒至入味，起锅前再加入香油和葱末拌匀即可。

357 牛肉炒面

 材料

油面300克、牛肉片100克、鲜香菇2朵、蒜末1/2小匙、胡萝卜片20克、油菜50克、水350毫升

调味料

A.盐1/2小匙、酱油1大匙、糖1/2小匙
B.酱油1大匙、糖1/2小匙、地瓜粉1大匙、米酒1/2小匙、胡椒粉1/4小匙

 做法

1. 牛肉片放入调味料B抓匀；鲜香菇洗净切片备用。
2. 热锅，加入2大匙色拉油，放入腌牛肉片与蒜末炒至变白，再加入油面、香菇片、胡萝卜片以中火炒3分钟。
3. 锅中加入水与调味料A，开中火使其保持沸滚状态，盖上锅盖焖煮2分钟，再加入切段的油菜，以大火煮至汤汁收干即可。

358 沙茶羊肉炒面

 材料

鸡蛋面170克、羊肉片150克、空心菜100克、蒜末5克、姜末5克、红辣椒丝5克

调味料

沙茶酱2大匙、酱油膏1/2大匙、蚝油1/2大匙、盐少许、糖少许、鸡粉1/4小匙、米酒1大匙

 **做法**

1. 将鸡蛋面放入沸水中煮约1分钟后捞起，冲冷水至凉后捞起沥干备用。
2. 热锅，加入2大匙色拉油，放入葱末、蒜末和红辣椒丝爆香，再加入羊肉片炒至变色，最后加入沙茶酱炒匀后盛盘。
3. 重热油锅，放入空心菜以大火炒至微软后加入鸡蛋面、羊肉片和其余调味料一起拌炒至入味即可。

359 大面炒

材料

油面·············600克
豆芽菜···········80克
韭菜段···········60克
胡萝卜丝········20克
水··············100毫升
肉燥·············适量

调味料

酱油·············1大匙
鸡粉·············少许
油葱酥油········1大匙

做法

1. 热一炒锅，加入油葱酥油、调味料
   与水煮沸，再放入油面拌炒均匀，
   盛盘，备用。
2. 把胡萝卜丝、豆芽菜、韭菜段放入沸
   水中余烫至熟，捞出沥干水分备用。
3. 把做法2的材料放入面盘上，再加入
   肉燥即可。

360 台南鳝鱼意面

材料

炸意面1球、鳝鱼100克、葱
1根、洋葱1/6个、红辣椒1/2
个、蒜末10克、圆白菜100
克、猪油2大匙、热水150毫
升、地瓜粉水适量

调味料

盐1/4小匙、糖
1/2大匙、沙茶
酱1/3大匙、米
酒少许、陈醋2
大匙

做法

1. 葱洗净切段；洋葱洗净切丝；红辣椒洗净切
   片；圆白菜洗净切小片；鳝鱼处理干净后切
   片，备用。
2. 热锅，加入2大匙猪油，放入蒜末、葱段、洋葱
   丝、红辣椒片炒香，再放入圆白菜片与鳝鱼片
   快速翻炒拌匀，继续加入全部调味料与150毫
   升的热水煮沸，最后用地瓜粉水勾芡拌匀，即
   为炒鳝鱼烩料。
3. 将炸意面放入沸水中，焖烫约1分钟后捞出、沥
   干，盛盘备用。
4. 在面盘中淋入适量炒鳝鱼烩料，食用前拌匀
   即可。

361 广州炒面

材料

广东鸡蛋面150克、乌贼4片、虾仁4尾、叉烧肉片4片、猪肉片4片、西蓝花5朵、胡萝卜片4片、水250毫升、色拉油3大匙

调味料

蚝油1大匙、盐1/4小匙、水淀粉1又1/2小匙

做法

1. 将鸡蛋面放入沸水中煮至微软后捞起，加入1小匙（分量外）色拉油拌开备用。
2. 将乌贼、虾仁、猪肉片、西蓝花及胡萝卜片分别放入沸水中氽烫后捞起，再冲冷水至凉备用。
3. 热一油锅，倒入色拉油烧热，放入鸡蛋面，以中火将两面煎至酥黄后盛盘、沥油。
4. 重热油锅，放入做法2的所有食材一起略炒至香，倒入水及所有调味料（水淀粉除外）一起拌匀煮沸。
5. 在锅内慢慢倒入水淀粉勾芡，再淋至煎面上即可。

362 福建炒面

材料

油面250克、虾仁50克、猪肉丝30克、葱段20克、黑木耳丝20克、胡萝卜丝20克、圆白菜丝30克、炸扁鱼末1小匙、猪油1.5大匙、蒜末1/2小匙、热高汤100毫升

调味料

盐1/4小匙、酱油1大匙、细砂糖1小匙、胡椒粉1/2小匙、深色酱油1大匙

做法

1. 虾仁、猪肉丝洗净并沥干水分备用。
2. 热锅，放入猪油，加入蒜末、葱段、做法1的材料，以大火炒约1分钟。
3. 加入圆白菜丝、黑木耳丝、胡萝卜丝和调味料，以大火炒约2分钟后，加入炸扁鱼末、油面及热高汤拌炒匀即可。

363 海鲜炒乌龙面

材料

乌龙面200克、牡蛎50克、墨鱼60克、虾仁50克、鱼板2片、鱿鱼50克、葱段1根、蒜末5克、红辣椒片少许、高汤100毫升

调味料

盐少许、鲜味露1大匙、蚝油1小匙、鸡粉1/2小匙、米酒1小匙、胡椒粉少许

做法

1. 牡蛎洗净；虾仁洗净，在虾背上轻划一刀，去肠泥；墨鱼、鱿鱼洗净、切纹路再切小片；鱼板切小片备用。
2. 热锅，加入2大匙色拉油，放入蒜末和葱白部分爆香后，加入所有海鲜材料快炒至八分熟。
3. 锅内加入高汤、所有调味料一起煮沸后，再加入乌龙面与葱绿部分、红辣椒片拌炒入味即可。

364 韩国炒码面

材料

家常面150克、猪肉片50克、虾仁50克、洋葱30克、韭菜30克、黄豆芽30克、蒜末1/2小匙、韩国辣椒粉1大匙、水300毫升

腌料

盐1/2小匙、米酒1/2小匙、胡椒粉1/4小匙、淀粉1/2小匙

调味料

酱油1大匙、盐1/2小匙、米酒1小匙、糖1/2小匙

做法

1. 家常面放入沸水中烫15分钟捞出摊凉剪短；猪肉片加入腌料拌匀；虾仁搓盐后冲水沥干；洋葱切片；韭菜洗净切段，备用。
2. 取锅烧热，倒入1.5大匙色拉油，放入洋葱片、蒜末与韩国辣椒粉拌炒，再放入腌猪肉片炒至变白，最后放入虾仁、黄豆芽略炒。
3. 锅内加水与所有调味料，放入剪短的家常面，以小火炒至汤汁略干，放入韭菜段拌匀即可。

365 手切面

材料

冷水面团……… 300克
（做法见P104）

做法

1. 将面冷水团擀成厚约0.2厘米的长方形面片，撒上面粉防止沾粘，对折后切成宽约1厘米的面条。
2. 烧一锅水，水沸后将面条下锅，以小火煮约2分钟，捞起冲凉即可。

美味秘诀

切好的面条若不马上煮，可以撒上一些淀粉防止沾粘，这样下锅时才不会粘成一整团不好拌开。

366 虾球汤面

材料

手切面200克、虾仁100公克、上海青100克、鲜香菇片40克、胡萝卜片40克、姜丝5克、葱段10克

调味料

高汤400毫升、盐1/2小匙、白胡椒粉少许、香油1/2小匙

做法

1. 虾仁洗净后将虾背切开，去除沙肠；上海青洗净对切。
2. 手切面煮熟后捞起装碗备用。
3. 热锅加入约1大匙色拉油，以小火爆香葱段、姜丝后加入虾仁炒熟，再加入鲜香菇片、胡萝卜片、上海青及所有调味料煮开，倒在面上即可。

367 刀削面

材料

中筋面粉……… 600克
冷水………280毫升
盐 …………………8克

做法

1. 将中筋面粉和盐一起倒入盆中，再将冷水分次倒入其中拌匀成团，取出在桌上搓揉至表面光滑，覆上保鲜膜醒约15分钟后再搓揉至光滑洁白。
2. 将面团搓揉成长椭圆状，左手持面团，右手持较利的薄片刀由上而下削出薄面片，并撒少许面粉以防沾粘即可。

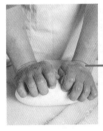 

368 雪里红肉末刀削面

材料

刀削面150克、猪肉泥80克、雪里红末50克、蒜末1/4小匙、红椒末1/4小匙、市售高汤300毫升、水60毫升

调味料

A. 盐1/4小匙、细砂糖1/4小匙、胡椒粉少许、香油少许
B. 淀粉1大匙、水1.5大匙
C. 盐1/4小匙

做法

1. 雪里红洗去咸味，捞出沥干后切段，以干锅煸至表面干香盛出；调味料B调匀成水淀粉，备用。
2. 热锅倒入2小匙色拉油，放入猪肉泥炒至颜色变白，加入蒜末以小火炒香，放入雪里红段、红椒丝、水以及调味料A，改大火拌炒均匀，倒入水淀粉勾芡盛起，备用。
3. 将高汤加入调味料C煮至滚沸倒入面碗中，煮一锅滚沸的水放入刀削面煮约2分钟至熟透浮起，捞出放入面碗中，放上做法2的雪里红肉末即可。

369 面疙瘩

 材料

猪肉泥…………50克
葱段…………20克
鸡蛋…………1个
白面糊…………1杯

调味料

高汤…………800毫升
盐…………1小匙
白胡椒粉……1/4小匙
香油…………1/4小匙

做法

1. 热锅，加入少许色拉油，以小火爆香葱段后加入猪肉泥炒散。
2. 锅中加入高汤、盐及白胡椒粉，煮沸后转小火，用筷子将白面糊沿杯缘一条条拨入高汤中，拨成长条形。
3. 将做法2的材料以小火煮沸约1分钟至熟后，将鸡蛋打散，淋至面疙瘩中，关火淋上香油即可。

白面糊

材料：中筋面粉200克、盐1/2小匙、水200毫升
做法：将中筋面粉与盐混合，加入水搅拌至有筋性，静置10分钟即可。

370 猫耳朵

 材料

冷水面团········ 450克
（做法见P104）

🍚 做法

1. 面团用干净的湿毛巾或保鲜膜盖好以防表皮干硬，静置醒约5分钟。
2. 将醒过的面团搓成长条后分成重约4克的小面团，再用大拇指辗压成猫耳朵状。
3. 烧一锅水，煮开后放入猫耳朵，小火煮约3分钟后捞起放凉。

美味秘诀

做好的猫耳朵不论是炒或煮，都要先烫熟保存，否则吃起来的酥脆口感会降低。

371 炒猫耳朵

🍅 材料

猫耳朵··········· 300克
肉片················40克
木耳················50克
胡萝卜片·········50克
蒜末················10克
葱丝················10克

🧂 调味料

酱油··············2大匙
细砂糖··········1小匙
香油··············1小匙

🍚 做法

1. 肉片用少许酱油及淀粉抓匀；木耳洗净切片。
2. 另热锅加入油，小火爆香葱丝、蒜末后下肉片炒散，加入胡萝卜片、猫耳朵、酱油、细砂糖、白胡椒粉及少许水炒匀，再加入香油拌匀即可。

其他面食

特别为爱吃面食的您，收集了很多人都爱吃的意大利面和披萨，享受异国美食不用出门啰！

西式面食常用**底酱**

西红柿酱

★材料★
西红柿约400克、蒜碎10克、洋葱碎50克、香草束1束、帕玛森奶酪粉100克、橄榄油1大匙、盐适量

★做法★
1. 将西红柿去籽、捏碎后，以滤网过滤并保留汤汁备用。
2. 取一深锅，倒入橄榄油加热，先放入蒜碎以小火炒香，再放入洋葱碎炒软后，放入香草束拌炒。
3. 将西红柿碎、西红柿汁一起加入锅中，以小火熬煮15～20分钟至汤汁收干至约为2/3量时，加入帕玛森奶酪粉拌匀，并以盐调味即可。

备注: 材料中的香草束可以自己DIY，只要将月桂叶（1片）、西芹（1段）、胡萝卜条（1小条）、新鲜罗勒茎（1小条）全部以棉线绑成一束即可。

奶油白酱

★材料★
无盐奶油60克、低筋面粉60克、鲜奶960毫升、盐适量

★做法★
1. 取一深锅，将无盐奶油放入锅中以小火煮至融化。
2. 将低筋面粉放入锅中，用打蛋器均匀搅拌成面糊。
3. 将鲜奶加热后倒入锅中，用力搅拌直至无颗粒。
4. 以小火煮至持续滚沸2～3分钟即关火，继续搅拌至黏稠，再加盐调味即可。

罗勒青酱

★材料★
橄榄油300毫升、松子70克、罗勒40克、蒜末60克、黑胡椒粉1小匙、奶酪粉1大匙、意大利香料1/4小匙、巴西里碎1/2小匙、西芹碎50克、盐适量、糖适量

★做法★
1. 油锅中加入橄榄油热至油温约160℃，将松子下锅。
2. 炸2～3分钟呈金黄色后捞起，放在架上沥干油备用。
3. 将罗勒、蒜末放入果汁机中。
4. 将沥干油分后的松子也放入果汁机中。
5. 将其余材料都放入后，倒入少许橄榄油（分量外），约至材料高度的1/3。
6. 启动果汁机将材料打碎混合即可。

372 西红柿意大利面

材料

意大利圆直面‥100克
胡萝卜丁‥‥‥‥1/3条
奶酪粉‥‥‥‥‥适量

调味料

西红柿酱‥‥‥‥5大匙
（做法见P271）

做法

1. 将意大利圆直面放入沸水中，水中加入1大匙橄榄油和1小匙盐（材料外），煮约8分钟至面软化且熟后，捞起泡入冷水中，再加入1小匙橄榄油（材料外），搅拌均匀放凉备用。
2. 取一平底锅倒入茄汁酱加热拌匀，再放入胡萝卜丁煮至软。
3. 放入意大利圆直面混合拌匀，略煮一下盛盘，再撒上奶酪粉并以百里香装饰即可。

373 焗烤西红柿肉酱千层面

材料

意大利千层面5张、
巴西里碎1小匙

调味料

西红柿肉酱5大匙（做法见P273）、奶酪丝50克、奶酪粉1大匙

做法

1. 煮一锅沸水，将千层面放入其中，在水中加入1大匙橄榄油和1小匙盐（皆材料外），煮约8分钟至千层面软化且熟后，一张张小心捞起泡入冷水中，再加入1小匙橄榄油（材料外），搅拌均匀放凉备用。
2. 取一长形烤皿，用厨房纸巾在盘底抹上薄薄一层橄榄油。
3. 在烤皿中摆入一张千层面，抹上一层西红柿肉酱，再撒上适量奶酪丝。
4. 盖上一层千层面，抹上西红柿肉酱，再撒上适量奶酪丝，重复此步骤至千层面、西红柿肉酱和奶酪丝用完，放入预热好的烤箱中，以200℃的温度烤约10分钟至表面奶酪丝融化且上色后取出，再于表面撒上适量巴西里碎和奶酪粉即可。

374 西红柿肉酱意大利面

材料

意大利圆直面··100克
奶酪粉 ············· 适量
巴西里末·········· 适量

调味料

西红柿肉酱 ····· 200克

做法

1. 将意大利圆直面放入沸水中，在水中加入少许盐和橄榄油（材料外），煮8～10分钟至面熟后捞起，摆入盘中。
2. 将西红柿肉酱淋入面上，撒上奶酪粉和巴西里末即可。

西红柿肉酱

材料：肉泥200克、西红柿2个、洋葱1/2个、蒜末1小匙、西红柿糊1大匙、番茄酱2大匙、水200毫升
调味料：盐1/2小匙、糖2小匙、鸡粉1/2小匙
做法：1.洋葱洗净切丁；西红柿用热水略烫去皮切丁。2.热锅，加1大匙油，放入猪肉泥炒至肉反白，加入洋葱丁、蒜末，炒至金黄后加入西红柿糊和番茄酱炒香。3.加入水、调味料，煮至汤汁浓稠即可。

375 培根奶油意大利面

材料

笔管面100克、培根3片、洋葱丝150克、蒜片20克、西芹丁50克、胡萝卜丁50克、巴西里末适量

调味料

奶油白酱5大匙（做法见P271）、意大利综合香料适量、盐少许、黑胡椒少许

做法

1. 煮一锅沸水，将笔管面放入，在水中加入1大匙橄榄油和1小匙盐（皆材料外），煮约8分钟至笔管面软化且熟后，捞起泡入冷水中，再加入1小匙橄榄油（材料外），搅拌均匀放凉备用。
2. 取一支炒锅，先加入1大匙橄榄油（材料外），放入培根片炒香，再加入胡萝卜丁、洋葱丝、西芹丁拌炒，接着加入奶油白酱拌匀，继续加入其余调味料拌煮均匀，最后加入笔管面，混合拌煮至面条入味后，撒上巴西里末即可。

376 焗烤海鲜通心面

材料

通心面100克、蟹肉棒5根、鲷鱼1片、洋葱1/3颗、胡萝卜1/5条、奶酪丝50克

调味料

奶油白酱5大匙（做法见P271）、盐少许、黑胡椒少许、水适量

做法

1. 煮一锅沸水，在水中加入1大匙橄榄油和1小匙盐（皆材料外），将通心面放入沸水中，煮约8分钟至面熟后，捞起泡入冷水中，再加入1小匙橄榄油（材料外），搅拌均匀放凉备用。
2. 洋葱洗净切丝；胡萝卜洗净切丁；鱼片切块，备用。
3. 取炒锅，加入1大匙橄榄油（材料外），先放入洋葱丝炒香，再加入胡萝卜丁炒软，接着放入奶油白酱，煮匀后加入鱼块、蟹肉棒和其余调味料，拌煮均匀后再加入通心面拌匀。
4. 取烤皿，放入做法3的材料，再在表面均匀地撒上奶酪丝，接着放入预热好的烤箱中，以200℃的温度烤约10分钟，至表面奶酪丝呈金黄色且融化即可。

377 青酱鳀鱼意大利面

🍅 材料

宽扁面100克、小鳀鱼（罐头装）5条、蛤蜊150克、洋葱丝100克、西芹末50克、蒜片20克、松子10克

🧂 调味料

罗勒青酱5大匙（做法见P271）

🥣 做法

1. 煮一锅沸水，在水中加入1大匙橄榄油和1小匙盐（皆材料外），放入宽扁面，煮约8分钟至面熟后捞起泡入冷水中，加入1小匙橄榄油（材料外），拌匀放凉。
2. 取炒锅，加入1大匙橄榄油（材料外），先放入松子、洋葱丝、西芹丁和蒜末炒香，再放入蛤蜊、水拌煮均匀。
3. 加入面条，略煮后加入罗勒青酱拌煮，再放入小鳀鱼、黑胡椒和盐，拌煮至入味即可。

378 青酱鲜虾培根面

 材料

意大利面100克、培根2片、鲜虾10尾、洋葱1/2个、蒜仁2颗、罗勒2根

🧂 调味料

罗勒青酱5大匙（做法见P271）

🥣 做法

1. 煮一锅沸水，在水中加入1大匙橄榄油和1小匙盐（皆材料外），将意大利面放入沸水中，煮约8分钟至面熟后捞起泡入冷水中，再加入1小匙橄榄油（材料外），搅拌均匀放凉备用。
2. 培根和洋葱皆切丁；蒜仁切片；鲜虾挑除虾肠后烫熟、剥去虾壳，备用。
3. 取一只炒锅，先加入1大匙橄榄油（材料外），放入培根丁炒至变色，再放入洋葱丁、蒜片拌炒均匀。
4. 再加入罗勒青酱、罗勒拌匀，再加入鲜虾，最后加入意大利面稍微拌煮均匀即可。

379 白酒蛤蜊意大利面

 材料

天使面100克、蛤蜊150克、洋葱100克、蒜仁20克、红辣椒15克、橄榄油1大匙、巴西里末适量

调味料

白酒100毫升、盐少许、黑胡椒少许、意大利香料1小匙、月桂叶1片、市售鸡高汤350毫升、奶油1大匙

做法

1. 煮一锅沸水，在水中加入1大匙橄榄油和1小匙盐（皆材料外），将天使面放入沸水中，煮4~5分钟至面熟后捞起泡入冷水中，再加入1小匙橄榄油（材料外），搅拌均匀放凉备用。
2. 蛤蜊吐沙后洗净；洋葱洗净切丝；蒜仁、红辣椒皆洗净切片。
3. 取一只炒锅，倒入1大匙橄榄油烧热，先放入洋葱丝、蒜片和红辣椒片炒香，再加入鸡高汤煮至沸腾，放入蛤蜊略煮，再加入白酒烧煮至沸腾。
4. 加入煮好的天使面，再加入其余调味料拌炒至面条均匀入味，撒上巴西里末即可。

380 蒜香培根意大利面

 材料

螺旋面100克、培根3片、蒜仁5颗、洋葱1/2个、四季豆5根、橄榄油1大匙

调味料

市售鸡高汤350毫升、盐少许、黑胡椒少许、意大利综合香料1小匙、奶油1大匙、鲜奶50毫升

做法

1. 煮一锅沸水，在水中加入1大匙橄榄油和1小匙盐（皆材料外），将螺旋面放入沸水中，煮约8分钟至面熟后捞起泡入冷水中，再加入1小匙橄榄油（材料外），搅拌均匀放凉备用。
2. 培根和蒜仁皆切小片；洋葱洗净切丁；四季豆洗净后切斜片，备用。
3. 取一只炒锅，倒入1大匙橄榄油烧热，先放入培根炒香，再加入洋葱丁、蒜片炒至洋葱丁变软，接着加入鸡高汤煮至沸腾，再加入螺旋面拌匀。
4. 依序加入其余调味料和四季豆片，拌炒至均匀入味即可。

381 粉红酱鲜虾蔬菜面

 材料

意大利圆直面1把、鲜虾10尾、鲜香菇2朵、洋葱150克、蒜仁2颗、红辣椒1/3个、面糊2大匙

调味料

粉红酱5大匙、奶油1大匙

做法

1. 沸水中加入1大匙橄榄油和1小匙盐，将圆直面放入其中，煮约8分钟捞起泡入冷水中，再加入1小匙橄榄油，拌匀放凉备用。
2. 鲜虾剪去尖头和虾须；鲜香菇、蒜仁、红辣椒均洗净切片。
3. 取锅，倒入1大匙橄榄油烧热，放入鲜菇片、洋葱丝、蒜片和红辣椒片炒香，再加入面糊和调味料拌炒均匀，接着放入鲜虾炒匀，最后加入意大利圆直面、粉红酱和奶油拌煮均匀即可。

粉红酱

材料：西红柿糊1大匙、番茄酱2大匙、鲜奶油3大匙、水200毫升、匈牙利辣椒粉1小匙、奶油1大匙、盐少许、黑胡椒少许、砂糖1小匙
做法：取平底锅，将所有材料放入，混合加热均匀即可。

披萨饼皮基本材料

橄榄油

意大利著名的橄榄油，当然是做披萨时的油品首选，不但健康也更有道地的风味。在制作饼皮上，油可以使饼皮口感外酥内嫩，同时也能使香味更浓郁。橄榄油有许多等级之分，等级越高风味越醇厚，但无论哪种等级都可以用来制作披萨。

盐

盐是饼皮基本的调味料，少许盐可使饼皮的味道更美味，但因为盐的浓度会影响酵母的活性，所以用量不宜过多，如果喜欢口味重一点，可以在酱料的调味上作调整。

面粉

面粉是等制作饼皮的主要原料，有高筋、中筋、低筋等不同筋度选择，想做出松软的饼皮就以低筋面粉为主；而想要有劲道就选择高筋面粉，制作时可将高筋、低筋混合使用，以调配出最佳的口感。面粉容易受潮与虫害，保存时必须特别注意妥善密封，并放置在通风阴凉处。使用前别忘记要先过筛，以方便混合与拌揉。

酵母粉

酵母是使面团发酵产生香味与口感的重要材料，在与其他材料混合之前，必须先与温水调匀，好让酵母恢复活性、发挥作用，为了不降低酵母的活性，在保存时要注意远离高温与潮湿，最好避免光照。

披萨厚片面团

材料

高筋面粉········ 600克
水 ············330毫升
橄榄油············30克
速溶酵母粉········5克
细砂糖············18克
盐 ·················6克

做法

1. 将速溶酵母粉倒入水搅拌均匀。
2. 取一搅拌盆放入高筋面粉，倒入做法1的
   材料后搅拌，依序再加入细砂糖、盐、
   橄榄油搅拌均匀成团（见图1~2）。
3. 取出面团，置于工作台上揉压、甩打成
   光滑面团后，放入钢盆，盖上保鲜膜醒
   约20分钟（见图3~4）。
4. 取出醒好的面团，分割为适当大小后滚
   圆，整齐地放入容器中盖上保鲜膜，放
   入冰箱冷藏约1小时即可（见图5）。

披萨厚片饼皮

材料

厚片面团……… 200克
（做法见P279）

做法

1. 在工作台上撒少许高筋面粉，以防沾粘
   （见图1）。
2. 从冰箱取出1份冷藏发酵过的厚片面团，
   沾上少许高筋面粉（见图2）。
3. 将面团置于工作台上轻压成饼状，以擀面
   棍擀开成圆形厚片即可（见图3~4）。

披萨芝心饼皮

🌀材料

厚片面团……… 250克
（做法见P279）
玛兹拉奶酪 ……… 适量

🍲做法

1. 玛兹拉奶酪切成宽约1厘米的长条（见图1），备用。
2. 在工作台上撒少许高筋面粉，从冰箱取出1份冷藏发酵过的厚片面团，沾上少许高筋面粉，将面团轻压成饼状，以擀面棍擀开成圆形厚片（见图2）。
3. 在厚片饼皮外围包进玛兹拉奶酪条，仔细压合饼皮，确定玛兹拉奶酪条无外漏即可（见图3~5）。

披萨奶酪卷心饼皮

🔴 材料

厚片面团300克（做法见P279）、高熔点切达奶
酪适量

 做法

1. 将高熔点切达奶酪切成宽约1厘米的长条备用。
2. 在工作台上撒少许高筋面粉，从冰箱取出1份冷藏发酵过的厚片面团，沾上少许高筋面粉，将面团轻压成饼状，以擀面棍擀开成圆形厚片。
3. 在厚片饼皮外围包进高熔点切达奶酪条，仔细压合饼皮，确定高熔点切达奶酪条无外漏（见图1）。
4. 利用蛋糕分割器将外围奶酪卷压出10等份压线，每一等份再分成2份，切出20等份（见图2~3）。
5. 依序将分切好的外围奶酪卷拉开再垂直卷起即可（见图4~5）。

382 超级海陆披萨

🫕 材料

厚片饼皮········ 200克
（做法见P280）
茄汁酱 ···········1大匙
洋葱丝 ············8克
青椒丝 ············8克
美式腊肠片 ······10克
牛肉丸 ············10克
墨鱼条 ············10克
蟹肉丝 ············10克
黑橄榄片···········5克
披萨用奶酪丝··100克

🍚 做法

1. 取一个厚片饼皮备用。

2. 舀1大匙茄汁酱倒在饼皮中心，用汤匙底部将茄汁酱从中心向外画圆圈至饼皮外缘，留约1厘米的饼皮外缘不涂抹茄汁酱（见图1）。

3. 在饼皮上方先铺上少许披萨用奶酪丝，再将其余材料依序排列在饼皮上方（见图2~4）。

4. 在排好的披萨上再撒上适量披萨用奶酪丝，放入已预热的烤箱以上火、下火皆250℃的温度烘烤8～10分钟，烤至披萨呈金黄色后出炉即可（见图5）。

383 龙虾沙拉披萨

 材料

厚片饼皮1片（做法见P280）、双色奶酪丝150克、小龙虾肉150克、口蘑30克、洋葱10克、虾卵1大匙、水菜少许

调味料

蛋黄酱3大匙

做法

1. 小龙虾肉、口蘑洗净切片；洋葱去皮切末，备用。
2. 将2/3分量的双色奶酪丝撒在厚片饼皮上，铺上小龙虾肉、口蘑片、洋葱末。
3. 撒上剩余的1/3分量的奶酪丝。
4. 烤箱预热至上火250℃、下火100℃，放入做好的披萨烤8～10分钟。
5. 取出披萨，挤上蛋黄酱，再撒上虾卵及水菜即可。

384 乡村鲜菇总汇披萨

材料
厚片饼皮200克（做法见P280）、西红柿片10克、菠萝片20克、鲜香菇片10克、蘑菇片10克、披萨用奶酪丝100克

调味料
罗勒青酱1大匙

做法
1. 取一个厚片饼皮备用。
2. 舀1大匙罗勒青酱倒在饼皮中心，用汤匙底部将罗勒青酱从中心向外画圆圈至饼皮外缘，留约1厘米的饼皮外缘不涂抹罗勒青酱。
3. 在饼皮上方先铺上少许披萨用奶酪丝，再将其余材料依序排列在饼皮上方。
4. 在排好的披萨上方再撒上适量披萨用奶酪丝，放入已预热的烤箱以上火、下火皆250℃的温度烘烤8～10分钟，至披萨呈金黄色后出炉即可。

385 墨西哥辣味披萨

材料
厚片饼皮1片（做法见P280）、双色奶酪丝150克、牛肉50克、洋葱30克、黄甜椒20克、辣椒粉1小匙、罗勒叶末适量

调味料
市售番茄酱2大匙、市售黑胡椒酱1小匙

做法
1. 牛肉切片以市售黑胡椒酱腌渍10分钟；洋葱、黄甜椒洗净切片，备用。
2. 将市售番茄酱放入厚片饼皮中央，以汤匙均匀涂开，放入2/3分量的双色奶酪丝。
3. 铺上黑胡椒牛肉片、洋葱片、黄甜椒片及辣椒粉后，撒上剩余1/3分量的双色奶酪丝。
4. 烤箱预热至上火250℃、下火100℃，放入批萨烤8～10分钟，撒上罗勒叶末即可。

386 日式章鱼烧芝心披萨

材料

芝心饼皮250克（做法见P281）、章鱼片15克、洋葱片10克、圆白菜丝20克、柴鱼片5克、海苔粉10克、披萨用奶酪丝100克

调味料

照烧酱汁1大匙、蛋黄酱适量

做法

1. 取一个芝心饼皮备用。
2. 舀1大匙照烧酱汁倒在饼皮中心，用汤匙底部将照烧酱汁从中心向外画圆圈至饼皮外缘。
3. 在饼皮上方先铺上少许披萨用奶酪丝，再将章鱼片和洋葱片依序排列在饼皮上方。
4. 在排好的披萨上方撒上适量披萨用奶酪丝，放入已预热的烤箱以上火、下火皆250℃的温度烘烤8～10分钟，至披萨呈金黄色后出炉，铺上圆白菜丝，再以蛋黄酱挤出格状装饰，最后撒上海苔粉和柴鱼片即可。

照烧酱汁

材料：柴鱼酱油50毫升、味醂50毫升、细砂糖50毫升、麦芽糖50克、米酒100毫升
做法：取一锅倒入所有材料，以中小火煮至酱汁滚沸成浓稠状即可。

387 什锦水果披萨

材料

厚片饼皮200克（做法见P280）、狝猴桃1个、菠萝片30克、披萨用奶酪丝100克

调味料

奶油白酱1大匙（做法见P271）

做法

1. 取一个厚片饼皮备用；狝猴桃去皮切圆片备用。
2. 舀1大匙奶油白酱倒在饼皮中心，用汤匙底部将奶油白酱从中心向外画圆圈至饼皮外缘，留约1厘米的饼皮外缘不涂抹奶油白酱。
3. 在饼皮上方先铺上少许披萨用奶酪丝，再将狝猴桃圆片和菠萝片依序排列在饼皮上方。
4. 在排好的披萨上方再撒上适量披萨用奶酪丝，放入已预热的烤箱中以上火、下火皆250℃的温度烘烤8～10分钟至披萨呈金黄色后出炉即可。

388 罗勒鲜虾卷心披萨

材料

奶酪卷心饼皮250克（做法见P282）、虾仁10尾、蘑菇片15克、披萨用奶酪丝100克、帕玛森奶酪粉适量

调味料

罗勒青酱1大匙（做法见P271）

做法

1. 取一个奶酪卷心饼皮备用。
2. 舀1大匙罗勒青酱倒在饼皮中心，用汤匙底部将罗勒青酱从中心向外画圆圈至饼皮外缘。
3. 在饼皮上方先铺上少许披萨用奶酪丝，再将其余材料依序排列在饼皮上方。
4. 在排好的披萨上方再撒上适量披萨用奶酪丝，在奶酪卷心上撒少许帕玛森奶酪粉，放入已预热的烤箱以上火、下火皆250℃的温度烘烤8～10分钟，至披萨呈金黄色后出炉即可。

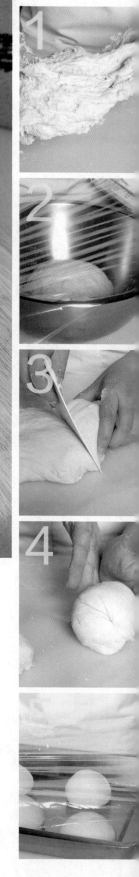

披萨薄脆面团

材料

高筋面粉········480克
低筋面粉········120克
水············360毫升
橄榄油··········30克
速溶酵母粉·······2克
盐·············6克

做法

1. 将速溶酵母粉加水搅拌均匀。
2. 取一搅拌盆放入高筋面粉和低筋面粉，倒入做法1材料后搅拌，依序再加入盐、橄榄油搅拌均匀成团（见图1）。
3. 取出面团置于工作台上揉压、甩打成光滑面团后放入钢盆，盖上保鲜膜醒约20分钟（见图2）。
4. 取出醒好的面团分割为适当大小后滚圆，整齐地放入容器中盖上保鲜膜，放入冰箱冷藏约1小时即可（见图3~5）。

披萨薄脆饼皮

🍅 材料

薄脆面团………180克
（做法见P288）

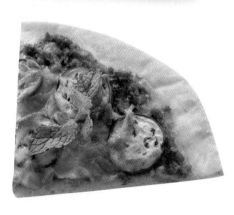

🥣 做法

1. 在工作台上撒少许高筋面粉。
2. 从冰箱取出1份冷藏发酵过的薄脆面团，沾上少许高筋面粉（见图1）。
3. 将面团置于工作台上轻压成饼状，以擀面棍擀开，拿起薄脆饼皮用手掌左右甩动，将其甩大、甩薄即可（见图2~5）。

披萨双层夹心饼皮

🍠 材料

薄脆面团…………2份
（各180克，做法见
P288）
奶油奶酪………… 适量

🍚 做法

1. 在工作台上撒少许高筋面粉。
2. 从冰箱中取出2份冷藏发酵过的薄脆面团，沾上少许高筋面粉。
3. 将面团依序置于工作台上轻压成饼状，以擀面棍擀开（见图1），拿起薄脆饼皮用手掌左右甩动，将薄脆饼皮甩大、甩薄，即成2张薄脆饼皮。
4. 取一张薄脆饼皮抹上一层奶油奶酪（外围留约1.5厘米不抹），盖上另一张薄脆饼皮，用叉子将周围一圈紧密压合成一张饼皮（见图2~4）。
5. 在饼皮中心以叉子叉洞即可（见图5）。

389 罗勒三鲜披萨

材料

薄脆饼皮180克（做法见P289）、墨鱼条15克、虾仁10尾、蟹肉丝8克、披萨用奶酪丝100克

 调味料

罗勒青酱1大匙（做法见P.271）

做法

1. 取一个薄脆饼皮备用。
2. 舀1大匙罗勒青酱倒在饼皮中心，用汤匙底部将罗勒青酱从中心向外画圆圈至饼皮外缘，留约1厘米的饼皮外缘不涂抹。
3. 在饼皮上方先铺上少许披萨用奶酪丝，再将其余材料依序排列在饼皮上方。
4. 在排好的披萨上方再撒上适量披萨用奶酪丝，放入已预热的烤箱以上火、下火皆250℃的温度烘烤8~10分钟，至披萨呈金黄色后出炉即可。

390 意式香草披萨

材料

薄脆饼皮⋯⋯⋯⋯1片
（做法见P.289）
双色奶酪丝⋯⋯150克
意式香肠⋯⋯⋯50克
洋葱⋯⋯⋯⋯⋯10克
口蘑⋯⋯⋯⋯⋯10克
西红柿片⋯⋯⋯100克
高熔点奶酪丁⋯10克
意式综合香料⋯1小匙

调味料

西红柿酱⋯⋯⋯2大匙
（做法见P271）

做法

1. 意式香肠、洋葱切丁；口蘑洗净切片，备用。
2. 将西红柿酱放入脆薄饼皮中央，以汤匙均匀涂开，放入2/3分量的双色奶酪丝。
3. 撒入意式香肠丁、口蘑片、洋葱丁、西红柿片及高熔点奶酪丁，再撒上剩余1/3分量的双色奶酪丝及意式综合香料。
4. 烤箱预热至上火250℃、下火100℃，放入披萨烤约8分钟即可。

391 玛格利特西红柿奶酪披萨

 材料

薄脆饼皮………180克
（做法见P289）
西红柿片…………5片
玛兹拉奶酪丝··100克
罗勒叶……………5片

调味料

西红柿酱………1大匙
（做法见P271）

做法

1. 取一个薄脆饼皮备用。
2. 舀1大匙茄汁酱倒在饼皮中心，用汤匙底部将茄汁酱从中心向外画圆圈至饼皮外缘，留约1厘米的饼皮外缘不涂抹。
3. 在饼皮上方铺上西红柿片和玛兹拉奶酪丝，放入已预热的烤箱以上火、下火皆250℃的温度烘烤8～10分钟，至披萨呈金黄色后出炉，摆上罗勒叶即可。

392 法式青蒜披萨

 材料

薄脆饼皮180克（做法见P289）、青蒜丝20克、披萨用奶酪丝100克

调味料

奶油白酱1大匙
（做法见P271）

 做法

1. 取一个薄脆饼皮备用。
2. 舀1大匙奶油白酱倒在饼皮中心，用汤匙底部将奶油白酱从中心向外画圆圈至饼皮外缘，留约1厘米的饼皮外缘不涂抹。
3. 在饼皮上方先铺上少许披萨用奶酪丝，再将青蒜丝依序排列在饼皮上方。
4. 在排好的披萨上方再撒上适量披萨用奶酪丝，放入已预热的烤箱以上火、下火皆250℃的温度烘烤8～10分钟，至披萨呈金黄色后出炉，再摆上少许青蒜丝（分量外）即可。

393 培根乡村沙拉披萨

材料

双层夹心饼皮180克（做法见P290）、鸡蛋1个、培根2片、水菜叶适量、披萨用奶酪丝100克、帕玛森奶酪粉适量

调味料

罗勒青酱1大匙（做法见P271）

做法

1. 取一个双层夹心饼皮备用；培根切片备用。
2. 舀1大匙罗勒青酱倒在饼皮中心，用汤匙底部将酱汁从中心向外画圆圈至饼皮外缘，留约1厘米的饼皮外缘不涂抹。
3. 在饼皮上方先铺上少许披萨用奶酪丝，再将培根片排列在饼皮上方，并在中央处打进一个鸡蛋。
4. 在排好的披萨上方再撒上适量披萨用奶酪丝，放入已预热的烤箱以上火、下火皆250℃的温度烘烤8~10分钟，至披萨呈金黄色后出炉，撒上帕玛森奶酪粉、摆上水菜叶即可。

394 青酱烤鸡披萨

材料

薄脆饼皮1片（做法见P289）、玛兹拉奶酪100克、洋葱20克、西红柿10克、蘑菇10克、鸡腿肉50克、橄榄油1/2小匙、意大利综合香料1/4小匙

调味料

罗勒青酱2大匙（做法见P271）

做法

1. 马兹摩拉奶酪切小片；洋葱去皮切丁；西红柿、口蘑均洗净切丁，备用。
2. 鸡腿肉以橄榄油及意大利综合香料腌渍10分钟后，放入烤箱以上下火皆180℃的温度烤约2分钟，取出切丁备用。
3. 将罗勒青酱放入意式脆薄饼皮中央，以汤匙均匀涂开，放入玛兹拉奶酪片、洋葱丁、西红柿片、蘑菇片及烤鸡腿肉丁。
4. 烤箱预热至上火250℃、下火100℃，放入披萨烤8~10分钟即可。

395 蔬茄双色披萨

材料

双层夹心饼皮180克（做法见P290）、西红柿片5片、蘑菇片5片、茄片5片、黑橄榄片5片、红切达奶酪片5片、玛兹拉奶酪片5片、披萨用奶酪丝30克

调味料

西红柿酱1/2大匙、罗勒青酱1/2大匙（做法见P271）

做法

1. 取一个双层夹心饼皮备用。
2. 舀1/2大匙罗勒青酱涂满半张饼皮；另一半则涂满1/2大匙西红柿酱，饼皮外缘留约1厘米的饼皮外缘不涂抹。
3. 在饼皮上方先铺上少许披萨用奶酪丝；在罗勒青酱旁边铺上西红柿片、蘑菇片以及红切达奶酪片；茄汁酱旁边则铺上茄片、玛兹拉奶酪片以及黑橄榄片。
4. 将排好的披萨放入已预热的烤箱以上火、下火皆250℃的温度烘烤8~10分钟，至披萨呈金黄色后出炉即可。

396 肉桂苹果披萨

材料

薄脆饼皮··········1片
（做法见P289）
苹果··········500克
无盐奶油·········1大匙
柠檬皮丝··········适量
糖粉··········1大匙

调味料

糖··········2大匙
朗姆酒··········2大匙
肉桂粉··········1小匙
水··········200毫升

做法

1. 苹果去皮、去籽，切成瓣状备用。
2. 热平底锅，加入无盐奶油、苹果瓣煎香后，加入所有调味料，以小火慢慢煮至苹果焦香浓稠，离火备用。
3. 在薄脆饼皮上放入肉桂苹果排列整齐。
4. 烤箱预热至上火200℃、下火100℃，放入披萨烤10~12分钟取出，撒上糖粉与柠檬皮丝即可。

图书在版编目（CIP）数据

做面食轻松就上手 / 杨桃美食编辑部主编 . -- 南京：
江苏凤凰科学技术出版社，2016.12（2020.10 重印）
（含章·好食尚系列）
ISBN 978-7-5537-4939-6

Ⅰ . ①做… Ⅱ . ①杨… Ⅲ . ①面食 – 食谱 Ⅳ .
① TS972.132

中国版本图书馆 CIP 数据核字 (2015) 第 148879 号

做面食轻松就上手

主 编	杨桃美食编辑部	
责 任 编 辑	葛 昀	
责 任 监 制	方 晨	

出 版 发 行	江苏凤凰科学技术出版社
出版社地址	南京市湖南路 1 号 A 楼，邮编：210009
出版社网址	http://www.pspress.cn
印 刷	天津旭丰源印刷有限公司

开 本	787mm×1092mm　1/16
印 张	18.5
字 数	240 000
版 次	2016年12月第1版
印 次	2020年10月第2次印刷

标 准 书 号	ISBN 978-7-5537-4939-6
定 价	45.00元

图书如有印装质量问题，可随时向我社出版科调换。